U0346665

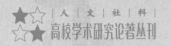
人 文 社 科
高校学术研究论著丛刊

生态文明理论诠释与 生态文化体系研究

段玥婷　张　吉　著

中国书籍出版社
China Book Press

图书在版编目 (CIP) 数据

生态文明理论诠释与生态文化体系研究 / 段玥婷，

张吉著 . —— 北京 : 中国书籍出版社 , 2020.12

ISBN 978-7-5068-8285-9

Ⅰ . ①生… Ⅱ . ①段… ②张… Ⅲ . ①生态文明 – 建

设 – 研究 – 中国 Ⅳ . ① X321.2

中国版本图书馆 CIP 数据核字（2021）第 000252 号

生态文明理论诠释与生态文化体系研究

段玥婷　张　吉　著

丛书策划	谭　鹏　武　斌
责任编辑	李国永
责任印制	孙马飞　马　芝
封面设计	东方美迪
出版发行	中国书籍出版社
地　　址	北京市丰台区三路居路 97 号 (邮编：100073)
电　　话	（010）52257143（总编室）　（010）52257140（发行部）
电子邮箱	eo@chinabp.com.cn
经　　销	全国新华书店
印　　厂	三河市德贤弘印务有限公司
开　　本	710 毫米 × 1000 毫米　1/16
字　　数	280 千字
印　　张	12.5
版　　次	2022 年 1 月第 1 版
印　　次	2022 年 1 月第 1 次印刷
书　　号	ISBN 978-7-5068-8285-9
定　　价	82.00 元

目　录

第一章 生态文明概述

生态文明是指用生态学来指导建设的文明,从而谋求人与自然和谐共生、协同进化的文明。生态文明是继人类原始文明、农业文明和工业文明之后的又一文明形态,它属于人类所取得的物质成果、精神成果和制度成果的总和,理应贯穿于我国整个社会主义现代化建设。

第一节 生态文明概念的提出

一、生态文明概念的来源

关于"生态文明"这一概念,在国外很少会提及,但关于这一方面的研究是由来已久的。实际上,随着科技革命的进行以及现代社会的快速发展,现代文明在带给人类实惠的同时也带来了诸多问题,其中环境污染就是非常重要的一个方面。在西方历史上曾经出现过多次重大的环境污染事件,环境主义和生态主义思想也最早产生于西方发达国家。我国很多学者在研究生态文明的起源时,通常都会提及蕾切尔·卡逊的《寂静的春天》和罗马俱乐部的《增长的极限》,其实也不能忘记更早的利奥波德的《沙乡年鉴》。世界环境与发展委员会曾经发表过一篇报告——《我们共同的未来》,报告中指出,环境污染和生态危机的加剧对社会产生重大的影响,并且这一影响是长期存在的,人类必须要寻求可持续发展道路。在实践方面,有国内学者则把德国的废弃物回收经济建设、日本的"循环型社会"建设和美国的污染权交易制度建设都归入生态文明建设之中。西方广为流行的低碳经济和低碳社会建设应该也属于生态文明建设这一方面的内容。但"生态文明"这一概念的提出源自中国。

张海源曾经在其《生产实践和生态文明》一书中阐述,环境污染已成为一个全世界面临的共同难题,保护环境成为每个国家政府和社会公民共同的紧迫任务。而要想完成这一任务,就需要重视人与环境的和谐发展,建设新时代的生态文明。作者还在书中详细讨论了如何建设生态文明的问题,但并没有提出确切的生态文明的定义,而且谈论的大多是人们生产实践中的各种环境保护问题。

关于生态文明,存在着两个理论派别:一个是"修补论",另一个是"超越论"。"修补论"与现代社会的关系比较密切,而"超越论"则更具有思想的彻底性和深刻性。两派出现的分歧主要有三个方面:一是关于"文明"界定的分歧;二是理解生态文明建设与市场经济关系的分歧;三是理解生态文明建设和科技进步关系的分歧。

综合前人的研究成果,我们可以清晰地了解"生态文明"的含义。为能清楚地界定"生态文明",我们先要清楚地界定"文明"。1999 年版的《辞海》解释"文明"一词说,犹言文化,如物质文明;精神文明,指人类社会进步状态,与"野蛮"相对。如上所述的修补论就是在第二种意义上使用"文明"一词的。《辞海》解释的"文明"的第一种意义与"文化"同义。英国学者菲利普·史密斯在《文化理论》一书中也指出,当"文化"一词指"整体上的社会进步"时,它与"文明"一词同义。如果我们把"文明"用作"文化"的同义词,则不能不考察历史学家和人类学家对这两个词的用法,即不能不考察历史学家和人类学家所赋予这两个词的内涵。总的来说,"文化"或"文明"指人类超越其他动物所创造的一切,历史学家通常也在这一意义上使用"文化"或"文明"。英国著名历史学家汤因比所说的"文明"就是这一意义上的"文明"。

我们还必须较为清楚地界定何谓"生态"。一个名词一旦成为褒义的流行词就难免被滥用。"生态"一词如今经常被滥用。

生态学最早于1866年为德国的海克尔（Ernst Haeckel）所提出，海克尔是达尔文的热心且有影响的信徒。他认为，生态学实质上是一种关于"生物与环境之关系的综合性科学。这一定义的精神清楚地体现在布东桑德逊的生物学分支探讨中，其中生态学是关于动植物相互间外在关系以及与生存条件之现在和过去关系的科学，与生理学（研究内在关系）和形态学（研究结构）相对照。对于许多生态学家来讲，这一定义是经得起时间检验的。

在海克尔之后的若干年，植物生态学与动物生态学分离了。有影响的著作把生态学定义为对植物与其环境以及植物彼此之间关系的研究。这些关系直接依赖于植物生活环境的差别（坦斯利，Tansley，1904），或者把生态学定义为主要关于可被称作动物社会学和经济学的科学，而不是关于动物结构性以及其他适应性的研究（埃尔顿，Elton，1927）。但是植物学家和动物学家早就认识到植物学和动物学是一体的，必须消弭二者之间的裂缝。

在强大的主流科学（以物理学为典范）的影响下，当代生态学家们也不免要努力采用还原论的方法，要努力建构数学模型，故非专业生态学家已难以读懂专业生态学家撰写的专业论文和专著了。但康芒纳所概括的生态学的四条法则是简明扼要的，这四条法则是：一切事物都必然有其去向；每一种事物都与别的事物相关；自然所懂得的是最好的；没有免费的午餐。

有了对生态学的基本了解，我们才能较准确地把握作为形容词的"生态"一词的用法。"生态"或者指生物（包括人类）与其生存环境的相互依赖和协同进化。我们通常所说的生态是指生物的生活状态。指生物在一定的自然环境下生存和发展的状态，也指生物的生理特性和生活习性。

总之，生态文明是人类文明发展的一个新的阶段，即工业文明之后的文明形态；生态文明是人类遵循人、自然、社会和谐发展这一客观规律而取得的物质与精神成果的总和。生态文明是以人与自然、人与人、人与社会和谐共生、良性循环、全面发展、持续繁荣为基本宗旨的社会形态。

二、生态文明的内涵

综上所述，生态文明是指用生态学来指导建设的文明，从而谋求人与自然和谐共生、协同进化的文明。生态文明主要包括生态精神文明、生态法治文明、生态行为文明和生态物质文明四个层次。生态精神文明是生态文明的第一个层次，位于核心层；生态法治文明是生态文明的第二个层次，属于保护层；生态行为文明是生态文明的第三个层次，属于实践层；生态物质文明是生态文明的第四个层次，属于结果层。其中，生态精神文明处于核心地位，对生态法治文明、生态行为文明和生态物质文明具有统领和指导作用，生态精神文明可以从生态自然观、生态价值观、生态产业观和生态生活观四个方面来理解。

（1）生态自然观要求人类在改造自然的过程中，要尊重自然的发展规律。并按照自然规律规范人类行为，强调的是人与自然的和谐发展，体现的是天人合一的哲学思想。

（2）生态价值观肯定了自然的内在价值。人类在实现自身价值的过程中，要尊重自然本身价值的实现，人类在实现自身发展的同时，必须尊重自然的发展规律。

（3）未来的产业发展要生态化。生态产业的基本特征是绿色、低碳、循环。因此，产业生态化，要求人们转变生产方式，由灰色生产转向绿色生产，由线性经济转向循环经济，由粗放经济转向集约经济。

（4）生态生活观。生态文明要求人们的消费方式、生活方式均要生态化，倡导适度消费和低碳生活。要求人们形成低碳、绿色的生活方式，保护生态环境，节约资源，使生态环境能够保持自我修复能力。

第二节 生态文明的意义

探究生态文明对社会及人类的意义,能帮助我们更好地认识与理解建设生态文明的重要性,能帮助我们在思想观念和实际行动中切实做到生态文明的建设与发展。对于整个世界而言,生态文明是人类文明发展的必由之路;对于我国而言,生态文明是我国实现强国梦的必由之路。

一、生态文明是人类文明发展的必由之路

莱斯特·R.布朗认为,现代文明的经济是"自我毁灭的经济"。当前人类面临着自诞生以来最为严峻的考验,现有的人类生存方式与地球生态系统能否和谐共存是人类必须全力探究的问题。人类社会要想得到更好的发展,现代文化的各个层面就必须得以改变。在众多的改变之中,生态文明就是人类社会发展的必由之路。

当前,人类社会面临着一定的生态危机,很多人都开始赞美并崇尚原始文化。虽然原始文化比传统中国文化更为亲近自然,但是原始文化毕竟是人类刚刚超越动物界而创造的简单文化,尽管回到原始文明,对于生态危机是极大的缓解,但人类的现代文明成果就会受到破坏,回到原始文明也是不可能的。我们所说的生态文明必须是继承了现代文明一切积极成果而又避免了现代文明致命弊端的更高级、更复杂的文明,可以说,生态文明绝不是原始文明的简单重复,而是比原始文明更为复杂和高级的文明形态。

针对现代文化的反自然特征和当代生态学的指引,我们可描绘生态文明(文化)的蓝图。表 1-1 所示为生态文明的几个层面。

表 1-1　生态文明的几个层面

生态文明	器物	生态工业体系生产的绿色产品
	技术	环保技术和生态技术，维持社会经济系统与地球生态系统的动态平衡
	制度	以生态学为指导，不受"资本逻辑"的约束
	风俗	道德化的风俗时尚
	艺术	多样化的艺术
	理念	非物质主义、非经济主义、整体主义、非人类中心主义、超验自然主义
	语言	多种民族语言

生态文明以上几个层面（器物、技术、制度、风俗、艺术、理念、语言）基本上囊括了整个人类社会发展的各个方面，对人类社会的发展进行了详细的阐释。人类文明从原始文明一直延续至今，大量的事实已充分表明，建设生态文明是人类文明发展的必由之路。

二、生态文明是我国实现强国梦的必由之路

社会主义生态文明建设，是中国特色社会主义应有之义。党的十八大把生态文明建设提升到"五位一体"总体布局的战略高度，意义重大而深远。

（一）建设生态文明是我党执政的重要理念

改革开放以前，我们对于生态环境的理解比较简单，仅仅局限在"植树造林、绿化祖国、美化环境"等几个层面。而随着现代社会的不断发展，我国政府及人民群众的环保意识逐渐提高，充分认识到维护生态平衡的重要性，提出实现中华民族的伟大复兴要走可持续化发展道路。我们所提出的人口控制、治理污染、改善生态环境等措施都是在建设生态文明这一主旨下提出的。2002 年，党的十六大报告明确提出可持续发展战略，将生态良好列入建设小康社会的目标之一。2007 年，党的十七大报告中首次提出要建设以资源环境承载力为基础、以自然规律为准则、以可持续发展为目标的资源节约型、环境友好型社会。同时，在新

修改的党章中,也加入了"人与自然和谐""建设资源节约型、环境友好型社会"等内容。党的十七届四中全会第一次把生态文明建设与经济建设、政治建设、文化建设和社会建设并列提出,正式确立了"五位一体"的现代化建设布局,生态文明建设正式成为践行科学发展观的具体实践和提高执政能力的重要举措。发展到现在,建设生态文明已成为实现社会主义现代化和中华民族伟大复兴的总任务。

总体上来说,生态文明建设是我国随着对社会主义现代化建设而出现的一个新的战略观念,是符合现代社会主义发展要求的。这一理念深刻把握经济社会可持续发展规律、自然资源发展规律,着眼人类发展的未来,能促进人类社会的可持续发展。

(二)建设生态文明是实现中华民族伟大复兴的重要保障

人类社会的发展有赖于自然界的发展,可以说自然界是人类赖以存在和发展的基础,离开了自然界,人类社会的发展便不复存在。人类社会发展的大量事实表明,生态兴则文明兴,生态衰则文明衰,一个国家或民族的崛起必须要有良好的自然生态环境作为保障。建设生态文明对于人类社会的发展具有长远的影响和意义。在社会主义现代化建设的今天,经济发展与节约环保是我们必须要贯穿始终的一个重要课题,也是生态文明建设的根本所在。没有节约环保的支撑,社会经济就难以有美好的未来。随着生态问题的日趋严峻,生存与生态的联系更加密切,大力推进生态文明建设,实现人与自然的和谐发展,成为时代所需和必需,建设生态文明成为实现中华民族伟大复兴的重要保障。

(三)建设生态文明有利于推动社会经济发展

大量的实践与事实表明,生态文明已成为人类文明得以延续与发展的重要基础,生态文明建设要始终贯穿于经济建设、政治建设、文化建设、社会建设的各方面和全过程,建设生态文明已成为全球所有国家的共识。推进生态文明建设对于促进我国社会经济的发展,对于我国社会主义现代化建设具有重要的战略意义。

在现代社会背景下,我国经济得到了快速发展,但在经济快速发展的同时也付出了沉重的代价,如资源、环境等受到破坏;生态系统退化严重;经济发展不平衡;城乡差别、地区差别扩大;生态退化、环境污染加重;民生问题日益凸显等,这些都严重制约了我国现代化宏伟目标的顺利实现。这些矛盾和问题大部分都是工业文明时代的后遗症,因此,在生态文明建设的今天,要求我们必须树立尊重自然、顺应自然、保护自然的生态文明理念,以生态文明取代工业文明,走生态文明建设的道路,把生态文明建设融合贯穿到中国特色社会主义事业建设的全过程,这对于我国强国梦的实现具有深远的影响和意义。

(四)建设生态文明是建设中国特色社会主义事业的需要

生态文明建设是我国政府始终坚持以人为本、执政为民的重要基础。随着社会经济的不断发展,人们生活质量得到了极大的改善和提高,在这样的形势下,人们更加期待和追求优越的家园环境。发展至今,良好的生态环境已成为人民群众最为关心的利益问题。生态文明的发展理念,强调尊重自然、顺应自然、保护自然;生态文明的发展模式,注重绿色发展、循环发展、低碳发展。建设生态文明,为人民群众创造良好的生活、工作、学习环境,正是为顺应人民群众新期待而做出的战略决策,不仅保障和改善了民生,同时也巩固了党的执政基础,促进了社会主义现代化建设。

(五)生态文明建设是把握国际竞争主动权的战略选择

在当前全球一体化发展的背景下,全球生态环境问题日益显著,维护生态环境已成为全世界的共识。目前,世界各国的竞争已从传统的经济、技术、军事等领域延伸到环境领域。加强生态文明建设也成为我国的一个战略选择。

一方面,针对当前世界发达国家力图把污染严重的产业向包括中国在内的广大发展中国家转移的问题,建设生态文明、建设美丽中国成为缓解国际压力的一个重要途径。

另一方面,随着新一轮产业和科技变革的兴起,绿色、环保成为社会发展新的趋向。建设生态文明是符合这一发展趋向的重要战略举措。建设生态文明不仅有利于转变经济增长方式,促进经济与环境的协调发展,还能提升中国国际竞争力,提升中国在国际上的大国形象,从而把握竞争的主动权。

第三节　生态文明的历史必然

一、人类文明的演进

(一)原始文明时代

原始文明属于人类文明演进的第一个阶段。在这一阶段中,人们采集渔猎是主要的物质生产活动,主要用来满足自己的生存需求。这一时期,社会生产力非常低下,人类必须要集体活动才能生存,并且还在很大程度上依赖地球自然环境的赐予。人类经验累积的成果主要是石器、弓箭,火是原始文明的重要发明。此时人类的生产活动是直接利用自然物作为生活资料,对自然的开发和支配能力极其有限。

原始文明阶段是人类文明史上经历最长的文明时代,在这一时期,生产力水平极其低下,人类只能通过采集野果、狩猎动物等方式来满足生存需求。但是这种获取生活资料的方式对大自然的损害程度是最小的。此时的生产技术仅仅停留在石器制造技术方面,最早的生产工具是石斧。在这一时期,人类在与大自然的搏斗中逐渐认识到自己的渺小,对大自然产生了由衷的敬畏之心,认为大自然中存在着人类不可抵抗的力量,人类只有遵从自然界的意志去行动才能获得生存。这一观念在生产力极为低下的原始社会一直存在着。

在原始社会文明时代,人类仅仅从事一些简单的农牧业生产劳动,用于维持生命和繁衍后代的需要。这一时期,社会形态主要是由以原始工具、手工劳动等为特征的初级形态生产力,和以部落、家庭或社区交往为表征的简单生产关系构成的。这时人类的社会生存完全依赖自然力的初级转化,因而人口生命体的生产呈现出高出生、高死亡、低增长的原始形态和生命力缓慢进化。

在整个原始文明阶段,由于生产力水平非常低下,加上人口数量较少,对大自然的认识不够,因此只能被动地适应自然,一切顺从自然进行活动,这一时期人类对环境的破坏微乎其微,几乎不存在环境污染问题。

(二)农业文明时代

农业文明是人类文明发展的第二个阶段。进入农业文明后,人类对大自然的了解程度越来越深,由最初的畏惧、崇拜心理逐渐过渡到适应和改造阶段。人类由原始文明进入农业文明是社会的一大进步。尽管如此,这一时期的社会生产力仍然是比较低下的,人们所从事的生产活动主要是农耕和畜牧,能通过自己的主动意识使自己所需要的物种得到生长和繁衍,不再是以前单纯地依赖自然界提供的现成食物。同时,人们还学会了利用一些自然力,如畜力、水力等用于人们的生产与生活。这一时期的科技成果主要有青铜器、铁器、陶器、造纸、印刷术等。需要特别指出的是,铁器的出现是人类社会生产力发生质的飞跃的重大标志,随着铁制工具的使用,人类的经济活动开始主动转向生产力发展的领域,开始需求能获得最大劳动成果的捷径和方法。

与原始文明时代相比,农业文明时代的生产力水平有了明显的提升。铁器工具的出现极大地推动了社会生产力的发展。除此之外,这一时期的科学技术也获得了一定程度的发展,尤其是农学,在这一时期,出现了如我国明代宋应星所著的《天工开物》,它是世界上第一部有关农业生产技术的百科全书;古罗马人所著的《论农学》,依据各个季节的发展规律和特点指导人们的生产与生活。这些在当时对于社会生产力的发展和推动都具有重要的意义。

在农业文明时代，人类智力的进化，生产工具的改进，以手工业为基础的第二产业和以产品交换为先导的商贸、第三产业开始获得发展。在这样的形势下，人类逐渐产生了更多的剩余劳动力，伴随而来的是高出生、低死亡、高增长的传统膨胀型。相对有限的劳动剩余力除满足自身需求外，难以再生产或推动社会生产力的发展。因此，历史上的农业文明实质上还是人类依附自然而生存，各种社会生产关系的变革也是为了满足人类生存与发展的需要。

在农业文明不断向前发展的背景下，人们对大自然的认识越来越深刻，人与社会之间的关系也在不断完善。例如，种植业在一定程度上保证了人类的生存和族类延续，是人们认识自然、改造自然的一大进步。随着人类改造自然能力的增强，人们对自然的态度开始发生逐步的转变，逐渐由原始文明时代的敬畏渐趋弱化。具体而言，主要表现在两个方面：一方面倡导顺其自然，另一方面又相信趋利避害。随着社会的不断发展和进步，人们的财富观也发生了一定的转变，首先是把能提供生存必需品的自然资源，如土地、森林、草地等作为重要的财富，后来又把能将自然资源变成生存必需品的劳动力作为财富。人们对财富的认识和观念逐渐加强。在以上观念的支配下，人与人之间冲突不断，时常会因争夺土地和劳动力而爆发战争，而战争的爆发也促使各个人群内部的生活、生产方式发生不断的变化。

在农业文明时代，人类为了生存与发展对大自然进行了不断的改造，这自然就会对自然生态系统的稳定造成一定的破坏，伴随而来的旱灾、涝灾、山洪等自然灾害也危害着人们的生命。但总体上看，在农业文明时代，自然资源还是非常丰富的，生态环境并没有遭到大肆的人为破坏，自我调节能力也比较强大，尽管有时候人类的生产活动会在局部地域造成自然循环失衡，但人与自然的关系总体来看是和谐的，没有破坏整个自然生态系统的平衡。

综上所述,在整个农业文明时代,人与自然的关系总体上还是非常和谐的,人类依赖于自然界,但同时也在利用自然为自身服务,人类从自然的奴隶变成了自然的利用者,人类在逐渐地开始尝试征服自然。总之,这一时期,人类与大自然之间是和谐促进的关系。

(三)工业文明时代

工业文明是人类文明演进的第三个阶段。自工业革命兴起后,人类开始向着"征服"自然的目标前进。生产力的发展推动了科学技术的发展和进步,科学技术在人与自然之间扮演了非常重要的角色。在工业文明时代,人们开始致力于经济的增长,教育和科技发展非常迅速,社会经济发展水平空前提高。可以说,工业文明是人类运用科学技术以控制和改造自然取得空前成果的时代,每一次科技革命都能给社会带来极大的改变。工业文明时代的人类活动主要表现在征服大自然的物质活动,在这样的形势下,出现了各种社会问题,如生态、资源、人口等,这对于现代社会文明的健康发展是十分不利的。

18世纪下半叶,爆发了第一次工业革命,蒸汽机的发明促使人类进入了工业文明时代。它打破了原来的农业文明体系,人们依靠各种工业技术获得了巨大的物质财富,这一时期的生产力相比以往有了更大的飞跃。在整个工业文明时代,科学技术有了长足的发展和进步。代表性的学科是物理学,代表性的技术是机械制造技术。在这一时期还爆发了三次工业革命,尤其是以电子计算机的发明与应用为标志的第三次工业革命把工业文明推向了高潮。

在工业革命时期,科学技术得到了迅速的发展,这也促使社会生产力以前所未有的速度发展着。人类开始进入对抗自然、征服自然的状态。整个社会发展的内在动因,已从人口的生存转变为人类生存条件和物质生活水平的提高。在这一时期,社会物质财富空前增加,人们的物质生活水平得到了空前的提高,人们抵御自然灾害和社会风险的能力也大大提高,但人与自然之间的关系却逐渐恶化。

先进的科学技术虽然给人类带来了便利和实惠,但同时也对自然环境造成了一定程度的破坏。其主要原因在于工业文明具有强大的耗费自然资源的能力,人类向自然界投放的大量的废弃物难以得到分解,从而造成了自然物流和社会物流之间的相互转化受到严重的阻碍。在这样的情况下,出现了大量的环境污染现象,整个自然生态失衡,这突出表现在:土地侵蚀、水土流失;森林锐减、干旱不断;淡水资源短缺;气候不断恶化,出现温室效应;出现大量的化学垃圾和生活垃圾;环境污染导致部分物种灭绝等原因。

工业文明给整个人类社会带来了巨大的变化,不仅表现在社会物质财富方面,对人们的价值观也产生了重大的影响。人们对社会财富的追求,驱使科学技术迅猛发展,人类向自然索取的能力不断增强,人类的自我观念和意识超越了以往任何时候。在观念上,从畏惧自然、顺应自然转变为改造自然、征服自然;在行为上,社会秩序以财富为中心被不断完善。在这样的形式下,人与自然之间的关系逐渐恶化;而人与人之间的关系也从合作走向竞争。与此前的文明形态相比较,工业文明时代人们的思想观念、社会意识形态等都发生了极为明显的改变。

工业文明时代,人是自然的主人和社会的中心,以人为中心的观念和意识在这一时期极度膨胀。人们普遍认为自然资源是取自不尽、用之不竭的,没有考虑到大自然的承受能力。但是人类使用的能源大多是非可再生能源,如煤炭、石油、天然气等。这种对自然界的肆意掠夺,在很大程度上造成了能源枯竭、生态破坏、物种锐减等大量严重危机,进而严重威胁到人类的生存和健康。

总之,在工业文明时代,人与自然之间的关系变得非常紧张,人成为大自然的主人,大自然的一切都是为人类服务的,人与自然之间是征服与被征服、掠夺与被掠夺的关系,因此这一时期的文明又被称为"人类中心主义"。

(四)生态文明时代

生态文明是人类文明演进的第四个阶段。生态文明是指人类遵循人、自然与社会和谐发展的规律而取得的物质与精神成果的总和;是以尊重和维护生态环境为主旨,以可持续发展为着眼点的一种社会进步状态。在生态文明时代,强调人与自然、人与生态的和谐共存,是继工业文明时代之后的一种新的文明形态。党的十八大报告中曾经对生态文明有过一定的阐述,生态文明是人类为保护和建设美好生态环境而取得的物质成果、精神成果和制度成果的总和,是贯穿于经济建设、政治建设、文化建设、社会建设全过程的一个系统工程,是人类文明和社会文明的进步状态。

生态文明非常注重人与自然的和谐发展。在某种程度上而言,这一文明状态与农业文明、工业文明具有一定的相同点,那就是在改造大自然的过程中实现人与社会的发展。但也存在着明显的不同,那就是在促进人与社会发展的过程中,强调尊重和保护大自然,不能为了追求社会物质财富而随心所欲地改造自然、破坏自然。很显然,生态文明中既包含物质文明的内容,又包含精神文明的内容。生态文明要求人们在利用自然、改造自然的基础上,不能破坏自然的发展,这与物质文明是一致的。生态文明所要求的人类在改造和发展自然的过程中要自觉、自律,约束自己的行动,这与精神文明是一致的。但是它们也有一定的区别:生态文明具有一定的独立性,无论是物质文明还是精神文明都不能完全包容,因为在生产力水平有限的情况下,人们主要持"物质中心主义"的观念,但随着社会生产力的逐步发展,人类物质生活水平逐渐得到提高,工业文明时代造成的环境污染、生态破坏等严重影响到人类与社会的发展,这时人们才意识到发展生产力是必要的,但也不能以破坏自然生态为代价,否则就会带来严重的后果。

在生态文明时代,各种全球性生态问题不断出现,人们逐渐意识到环境保护的重要性,在全世界范围内兴起了环保运动。1972 年 6 月,联合国在斯德哥尔摩召开了"人类与环境会议",会上讨论并通过了著名的《人类环境宣言》,从而揭开了人类共同保护环境的序幕。正是在这样的形势下,可持续发展的思想和观念逐渐被提起和形成。1983 年 11 月,联合国成立了世界环境与发展委员会,1987 年,该委员会正式提出了可持续发展的模式,在此之后,可持续发展这一模式逐渐被人们认识和接受。由此可知,生态文明的提出,是人们对可持续发展问题认识深化的必然结果。可持续发展思想强调,人与自然是相互依存、共同促进的关系。当代人类的发展应该是人与社会、人与环境、当代人与后代人的协调发展。人类的发展必须要讲究生态文明,要长期树立可持续发展的生态文明观和科学发展观。

综上所述,人类文明的演进一共经历了原始文明、农业文明、工业文明和生态文明四个阶段,在不同的文明时代,存在着不同的社会意识形态和主流价值观。随着社会生产力的不断发展,以及人们生活水平的日益提高,人们对人与自然、人与社会之间的关系的认识也更加深刻,可持续发展思想也日益深入人心。

二、工业文明引发的生态危机

工业文明引发的生态危机,主要表现在以下几个方面。

(一)全球变暖

在现代社会快速发展的背景下,人们对大自然的索取日益加深,同时大自然也给予了人类一定的惩罚,全球变暖就是其中重要的方面。近些年来,气候变化成为全球讨论的一个重点,全球变暖引起社会各界人士的广泛关注。近 100 多年来,全球平均气温经历了冷—暖—冷—暖两次波动,从整体上来看,全球变暖已成为一个明显的趋势。

联合国难民署曾经公布过一份告示,报告显示气候变化已经造成了"气候移民"的出现,生态系统的破坏导致长期移民,自然灾害则又产生了大量的短期移民,而气候变化又迫使这些"气候移民"进行迁徙。这些方面都是相互联系在一起的,因此说工业文明时期对大自然的过度索取而导致的全球变暖是人类工业文明所引发的罪魁祸首。

（二）臭氧层破坏

臭氧层破坏也是工业文明时代所引发的一个重要危机。臭氧层破坏早自20世纪70年代就受到一定的关注。在地球大气层近地面20~30公里的平流层里存在着一个臭氧层,其中臭氧含量占这一高度气体总量的十万分之一。臭氧含量虽然极其微小,但它具有强烈的吸收紫外线的功能,能挡住紫外线对人类及地球生物的伤害,可以说是地球的"保护神"。但在工业文明时代,由于人类过度追求物质财富,肆意破坏大自然,如排放出的一些污染物（冰箱、空调等设备制冷剂的氟氯烃类化合物等）受到紫外线的照射后可被激化,形成活性很强的原子与臭氧层的臭氧发生作用,使其变成氧分子,这种作用连锁般地发生,臭氧迅速被耗减,使臭氧层遭到严重的破坏。南极的臭氧层空洞,就是臭氧层被破坏的一个最显著的标志。近些年,人类对臭氧层的破坏更加严重,给人类生存的自然环境带来了极大的威胁,如大量的紫外线照射导致人类皮肤癌、白内障发病率增高,农作物因此受害减产,海洋生态系统遭到破坏,等。这些都说明了臭氧层破坏对人类环境的危害性。

（三）酸雨

酸雨可分为"湿沉降"与"干沉降"两大类,前者指的是所有气状污染物或粒状污染物,随着雨、雪、雾或雹等降水形态而落到地面,后者则是指在不下雨的日子,从空中降下来的落尘所带的酸性物质。酸雨是工业高度发展而出现的副产品,是各种化石燃料燃烧后而产生的硫氧化物或氮氧化物,在大气中经过复杂的化学反应,形成硫酸或硝酸气溶胶,或为云、雨、雪、雾捕捉吸收,降到地面成为酸雨。如果形成酸性物质时没有云、雨,则酸性物质会以重力沉降等形式逐渐降落在地面上,这叫作干沉降,以区别于酸雨、酸雪等湿沉降。沉降物在地面遇水时复合成酸,酸云和酸雾中的酸性由于没有得到直径大得多的雨滴的稀释,因此它们的酸性要比酸雨强得多。高山区由于经常有云雾缭绕,因此酸雨区的高山上森林受害最重,常成片死亡。受酸雨危害的地区,出现了土壤和湖泊酸化,植被和生态系统遭受破坏,建筑材料、金属结构和文物被腐蚀等一系列严重的环境问题。

（四）淡水资源危机和海水恶化

水是生命之本,是生命的源泉。地球表面虽然大部分被水覆盖,但是仅仅只有不到3%是淡水,是可供人们直接饮用的水。其中又有2%封存于极地冰川之中。在仅有的1%的淡水中,25%为工业用水,70%为农业用水,只有很少的一部分可供饮用和满足其他生活需要。然而,在这样一个缺水的世界里,水却被大量滥用、浪费和污染。加之区域分布不均匀,致使现今世界上缺水现象十分普遍,全球淡水危机日趋严重。

除了淡水资源之外,海洋资源状况也不容乐观。长久以来,人们向海洋中倾倒生活垃圾、有毒化学品等,造成了海洋的严重污染。另外,石油污染也日益加剧,这些污染物严重威胁到海洋中的生物,如巨头鲸、蓝鲸数量不断减少。沿海藻类大量生长,还出现了赤潮现象等。这些对于自然生态的发展都是非常不利的。

（五）森林毁灭及生物种类锐减

森林不断遭到毁灭和地球生物种类减少也是工业文明时代的一个重要生态危机。发展至今,世界上只有28亿公顷森林和12亿公顷稀疏林,森林面积仅占地球面积的1/5。世界上每年都有 1130 ～ 2000 万公顷的森林遭到无法挽救的破坏,特别是热带雨林。其主要原因是烧荒垦田,人们毁掉森林,种植水稻、大豆、香蕉等植物或作为牧场,世界上大约有 2 亿公顷森林被用于烧荒垦田。据估计,如果世界森林面积还按照当今速度消失下去,在将来的某一天,世界上重要的热带森林将不复存在。而森林的毁灭将会给大自然的生态环境造成极为严重的打击。

森林在造成破坏或毁灭后,将对世界各种生物造成严重的打击。各类生物物种的消失,除受自然因素影响外,人类活动是其中最为重要的影响因素,可以说是人类对大自然的索取和破坏加快了物种灭绝的速度。由此可见,保护森林、保护大自然对于人类的发展是十分重要的,人类要引起高度重视。

（六）资源、能源短缺

发展到现在,世界上很多国家都存在着资源和能源短缺的问题,这在国际社会上已非常普遍。20 世纪爆发的石油危机对世界经济造成了重大的影响,人们开始越来越关注"能源危机"的问题。如果人们不去开发新的能源,能源短缺问题将会更加严重。石油资源是一种非可再生资源,肯定会在将来的某个时间枯竭,在当前以石油资源为主导的条件下,如果能源消费结构不改变,就会爆发各种能源危机。

造成能源短缺的原因主要在于人类无休止地大规模开采自然资源。大量的事实表明,在新能源开发利用尚未取得较大突破之前,世界能源供应将日趋紧张。这些非可再生资源终将有一天会消失殆尽,人类将面临着严重的能源危机。

三、工业文明向生态文明的发展

随着现代社会的不断发展,人与自然的关系也经历了人消极适应自然、人积极适应自然到人主宰支配自然的过程。这一过程也是人类文明时代的不断演进。大量的事实表明,人类正处于由工业文明向生态文明过渡的时期,向生态文明过渡是历史发展的必然。

(一)生态文明是工业文明发展的必然

前面已经阐述,生态文明是继原始文明、农业文明、工业文明之后一种新的文明形态,是符合现代社会发展的一种新的文明形态。大多数学者在研究生态文明时都是以历史性的角度来分析,把生态文明看作是继工业文明之后的一种更为高级的文明形态,属于人类社会的先进文明。通常在每一个文明形态后期都因为出现人与自然的尖锐矛盾而迫使人类选择新的生产方式和生存方式,而每一次新的选择都能在一定时期内有效缓解人与自然的紧张对立,使人类得到持续生存和繁衍。可以说,生态文明是人类文明史螺旋上升发展过程中的一个阶段,是对以往文明时期优秀成果的继承和保存,也是对它们的超越。生态文明同样也强调在改造自然的过程中发展社会生产力,但与以往文明形态不同的是,它强调运用现代生态学的概念来应对现代社会中人与自然的关系,致力于健康的生态系统的构建,致力于人与自然的和谐发展。生态文明并不排除人类活动的工具性和技术性,但生态文明致力于对自然生态的人文关怀,创造生态恢复及补偿性的文明成果。生态文明是在扬弃工业文明基础上的"后工业文明",是人类文明演进中的一种崭新的文明形态。生态文明建立在把"人——社会——自然"看作是一个辩证、发展、整体的生态科学世界观的基础之上,也主张在改造自然的过程中发展物质生产力,不断提高人的物质生活水平。但它遵循的是可持续发展原则,它要求人们树立经济、社会与生态环境协调发展的新的发展观。它以尊重和维护生态环境价值和秩序为主旨、以可持续发展为依据、以人类的可持续发展为着眼点。生态文明是在合理继承工业文明成果的基础上,用更加文明与理智的态度对待自然生态环境,反对野蛮开发和滥用自然资源,重视经济发展的生态效益,努力保护和建设良好的生态环境,改善人与自然的关系,生态文明下的发展,不仅是工业和经济的发展,也是生态环境的发展;生态文明下的进步,不仅是社会的进步,也是人——社会——环境系统的整体进步。生态文明首先强调以人为本原则,认为人是价值的中心,但不是自然的主宰,人的全面发展必须促进人与自然的和谐。总之,生态文明是人类文明螺旋上升发展过程中的一个阶段。在建设生态文明的过程中需要依靠工业文明来完善和发展市场机制,同时更要致力于利用生态系统自然生产的循环过程,构建人与自然的和谐,并通过生产方式的改变不断完善这种和谐机制。可以说,从农业文明发展到工业文明,再从工业文明发展到生态文明,这是人类社会文明发展的必然趋势。

（二）生态文明是生态危机的必然选择

通过人类社会发展的历史可以看出,人类文明的发展必须要与自然和谐相处,这样对人类与自然的发展才是有利的。工业文明时代,人们普遍认为人与自然分离,人是自然的主宰,自然资源和生态环境只是满足人类需要的工具,把追求物质需要看作是唯一的目的。在这种思想观念的影响下,经济至上主义横行,自然资源和生态环境遭到不同程度的破坏。然而,在人与自然的对立中,大自然也在以生态规律作用的形式对人类实施报复和惩罚。全球性的生态环境危机,突出表现为森林锐减、土地退化、淡水匮乏、酸雨和温室效应加剧、人口增长、能源危机等。在这样的背景下,人们逐渐意识到传统的工业文明发展模式是难以为继的。这种把 GDP 的增长放在绝对的中心地位,只注重经济上的投入产出而不顾生态的可持续性发展的理念,是一种片面的、不科学的发展理念。正如美国生物学家卡逊女士告诫的那样,环境问题如不解决,人类将生活在幸福的坟墓之中。当前,全球性的生态危机已成为摆在全世界人们面前的共同难题,要解决环境问题,唯一的途径就是加快生态文明建设,控制污染,合理利用资源,维护生态平衡,为人类生存和发展提供良好的生态环境。而建立在掠夺式利用自然资源基础上的工业文明,已无法有效地协调人与自然的关系了。尽管在征服自然、控制自然的思维方式下,人们可以为了人类自身的利益而善待自然,可以采取某些措施在一定范围内防范和阻止对自然生态的破坏。但是,由于工业文明模式的内在局限性,它不可能从根本上解决全球性和整体性的生态危机。因此,人与自然关系的缓解是不可能在工业文明的思维定势中找到答案的。如果不改变工业革命以来人类所形成的征服自然、崇尚物质消费的伦理价值观念和生产、生活方式,人类日益增长的物质消费对环境的压力就不可能得到根本的缓解,我们将面临人类生态系统崩溃的巨大风险。这样看来,解决生态危机的唯一途径就是建设生态文明。生态文明是人类对工业文明进行深刻反思的结果。作为一种全新的文明形态,它要求人们在改造自然界的同时,又要主动保护自然界,积极改善和优化人与自然的关系。建设生态文明,最重要的就是要立足于人与自然的平等相处,在人类社会发展的过程中还要注意维护生态系统的完整稳定,维护整个生态平衡,从而实现人与自然的协调发展。这是我们解决生态危机的必经之路。

（三）生态文明有利于实现人与自然、人与社会的可持续发展

1989 年,第十五届联合国环境署理事会通过的《关于可持续发展的声明》中对可持续发展下了一个定义,认为可持续发展是指既满足当前需要又不削弱子孙后代满足其需要之能力的发展。发展的重点在于可持续性,要求人类的一切行为都不要超过资源与自然环境的承载力,要维护整个自然生态平衡,在此基础上图发展。这种可持续发展状态发展只有在生态文明建设中才能得到实现。这主要在以下几点中得以体现。

第一,建设生态文明是实施可持续发展的基本前提。在建设生态文明的过程中要保持自然界的生态平衡,使人、社会与自然在和谐的环境下共同发展。也就是我们通常所说的人与自然的和谐发展、人与社会的和谐发展,以及社会与自然的和谐发展。可持续发展理念要求人类不能无休止地过度开发自然资源,要充

分考虑自然环境的承受力。在发展社会经济的过程中不能忽视了生态环境的建设,社会经济的发展必须建立在良好的生态平衡基础之上。而可持续发展就是要既满足人类不断增长的物质文化生活的需要,又不超出自然环境的承受能力,实现自然资源的永续利用,实现社会的永续发展,为子孙后代留下一定的发展空间。以上这些只有在人与自然协调发展的状态中才能实现。这也是生态文明建设的重要意义。

第二,建设生态文明能为可持续发展提供重要的精神动力。生态文明把人类看作是自然之子,强调人对自然的尊重。这就纠正了工业文明时代把人看作是自然统治者的错误观点,深化了人对自然的认识,提升了人类的精神境界。它主张人类社会与自然界的平等发展,人与自然都是整个生态系统中的重要内容,不能忽视了任何一方面的发展。这种发展的观念给可持续发展提供了一种全新的思维方式。它将人的发展与自然的进化统一起来,有助于真正实现人与自然、人与社会的共同发展。在这样的背景下,能激发人对自然的亲近感、热爱感,能客观真实地认识到自然资源的有限性,从而坚定可持续发展的理念,为实现可持续发展而奋斗。

生态文明与工业文明二者在诸多方面都存在着一定的差别,但它们之间也有着千丝万缕的联系。建设生态文明,并不是说要放弃工业文明,而是主张在保护自然的基础上实现人与自然的和谐发展。生态文明建设也离不开工业文明所创造的各种社会财富,我们要保持反思与批判的态度,才能不断向前发展。

第二章 生态文明的理论渊源

生态文明理论的产生与发展是一个漫长的过程,这个过程包括对丰富多元的生态思想的继承、发展与创新,如中国传统生态文化的精华、西方社会的优秀生态思想以及马克思主义理论中与生态环境相关的思想内容等。在继承优秀生态思想的基础上构建与完善生态文明理论,并与各国的具体国情相结合,能够有效地解决各国的生态问题,促进人类社会的可持续发展。本章主要对生态文明的理论渊源展开分析,包括我国生态文明理论、西方生态文明理论以及马克思主义生态文明理论。

第一节 我国生态文明理论

中国传统文化中蕴含着丰富而深刻的生态文明思想,这些思想反映了社会经济发展与自然环境相适应的过程,梳理这些思想对指导我国生态文明建设具有重要意义。本节重点分析儒家文化、道家文化以及佛教文化中的生态文明思想。

一、中国传统文化中的生态文明思想

(一)儒家文化的生态文明思想——"天人合一"

儒家的"天人合一"思想有着悠久的发展历史,顺天的道理早在尧舜时代就已被人们知晓。《易经》是儒家经典著作之一,其中关于"天人合一"的观念非常多,如热爱自然,"天"与"人"相

互交融；自然事物属性与人格品德的有机联系；人在天人关系中主观能动性的发挥；自然法则与人事规律的统一性；等等。张载是中国文化史上明确提出"天人合一"概念的第一人。

中国文化传统与哲学的基本精神在儒家的"天人合一"思想中得到了集中体现，"天人合一"思想也蕴含着丰富的生态智慧，如建立和谐的人际关系、推动社会有序发展等。"天人合一"学说认为，作为人类生命之源的大自然本身也是有生命的，自然界应该得到人类的尊重；作为人类生存背景的大自然是一个生命体，其生命发育过程具有"自在自为"的特征，大自然的生命发育离不开人类的参与，人类在这方面肩负着重大责任与使命，即承担大自然的生命价值，参与大自然生命发育。

"天人合一"思想所包含的生态智慧是非常丰富的，在从整体上把握生态保护自然规律的基础上，这一思想在合理的尺度范围内规定了人自身的道德修养，提出了实现天人和谐发展的可靠路径，这些生态智慧都体现了整体性的思维方式。下面具体分析"天人合一"思想所包含的生态智慧。

1. 在合理尺度范围内规定了人的生态道德修养

中国传统社会对道德修养特别注重，儒家学说一直都将道德理想和人生修养作为主要论述内容。传统中国人追求道德理想，努力实现道德理想，并将此作为自身的人生价值追求。儒家开始只是在社会生活实践中推崇道德人格，后来在政治生活领域也推崇道德人格，这集中体现在"修身、齐家、治国、平天下"的主张上，这是对道德人格的扩充与延伸，也反映了传统社会政治生活具有浓厚的伦理色彩。儒家"内圣外王"的思想主张以道德修养为基本思路来对自然界问题进行解决，浓郁的内在道德色彩体现在这一主张中。儒家将道德修养作为毕生追求，将"天人合一"作为人生道德修养的最高境界和终极价值尺度。可见"天人合一"思想中蕴含着丰富的生态思想资源，深入理解"天人合一"的内涵，有助于更好地开发和充分利用其中的生态思想资源。

2. 萌生了生态保护的整体意识

儒家的"天人合一"思想具有整体性特征,具体从以下两方面体现出来。

（1）强调人与自然是混沌一体的。

（2）指出思维主体和思维客体是不可分割的。

儒家思想认为,天、地、人是一个统一整体,其中每个元素的变化都会对其他元素的发展产生这样或那样的影响,这是一种整体性的思维方式,至今仍具有重要的借鉴意义,我们要从这个思维出发来进行生态文明建设。

3. 主张通过适度发展实现动态的和谐

"天人合一"学说认为,人与自然是一个有机整体,二者相互统一,混为一体,彼此和谐相通,相互影响,相互制约。在儒家文化中,宇宙被视为一个整体的生命系统,天、地、人都是统一体,各自按照一定的规律生长和发展,又彼此相通。儒家"天人合一"学说的实践原则集中体现为"适度"。孔子主张中庸,孟子主张适度,这也是儒家整体思维观的体现,其中蕴含着儒家对社会发展理想图景的构想,即通过适度发展达到动态和谐的目标。

（二）道家文化的生态文明思想——"道法自然"

道家是我国古代哲学史上的一个重要流派,代表人物有老子、庄子等。道家所有思想都是以"道"为出发点的,其中蕴含着颇具自然主义色彩的空灵智慧,而且强烈期盼着生命的永恒。基本上生态关系和人际关系的所有领域在道教思想中都有所涉及,道家哲学对天人关系进行了较为系统的论述,"道法自然"是道家哲学的精髓,意思是世界万物皆因"道"而存在,人类要以"道"为法则,顺其自然,不予干涉。

道家的"道法自然"哲学思想中蕴含着深刻的生态文明思想,下面进行详细分析。

（1）老子是中国哲学史上首次将"自然"这一重要范畴明确提出的重要人物,老子对人与自然的关系有丰富的认识与深刻的见解。包括人类生命在内的自然万物均是自然生成的,是由自然界创造的,不存在谁是谁的主宰者,自然万物相互之间都是平等关系,如作为大自然重要组成部分的道、天、地、人等都是平等的,它们没有贵贱之分,所以要一视同仁地对待万物。

（2）在"道法自然"的哲学思想中,人类与自然是整体的统一,作为自然的有机组成部分之一,人类与自然界的其他事物是平等的,因此相互之间要平等和谐相处,个人要在与其他事物平等相处的基础上对自我言行予以规范与确认。自然万物都是按照一定的规律不断运动变化的,这是它们自然而然存在的根据,万物时时刻刻都在变化发展,而且万物的变化都不能违背自然的本性,不能因为人的主观意志而发生转移。这就要求人类尊重自然,崇尚自然,爱护自然,效法自然,自觉服从自然规律,并将自然规律合理运用到生活中,这样人类才能生生不息。自然界的变化有其自身的规律,人类要尊重这个规律,不能凭借自己的主观意志去强行改变或恶意破坏,否则将会造成严重后果,而且这个后果可能完全超出人类的承受范围。我们要正确认识道教的这种整体自然观,并按照这个基本法则来正确认识自然界,准确把握自然界的变化规律。

（3）道家主张万物平等,人与自然万物共生共在,应和谐相处。作为自然界的重要组成部分之一,人类有灵气,也有智慧,这是自然界其他任何事物都比不上的。老子主张人与自然万物和谐相处,基本立场是:万物都有权利存在于自然环境中,任何事物都有自己的独特价值,人与万物平等,人只是比其他事物更有灵气与智慧,但并不能说人是高贵的,其他事物是低贱的,它们是平等的。尊重万物与善待万物是人类必须遵循的自然法则,让万物各得其所,各随其生是对万物最大的尊重,人类不能强行干预。人类要树立平等意识,不能有贵贱观念,不能妄自尊大,更不能以自我为中心,试图通过征服自然与掠夺自然来满足自己的私欲。

（三）佛教文化的生态文明思想——"众生平等"

佛教是异域宗教，东汉时期传入我国，在中国生根开花结果，本质上来说就是在中国传统文化的影响下完成了中国化的改造，并成为中国传统文化的重要组成部分之一。经过改造后的佛教文化中所蕴含的生命意识与中国传统文化中所体现出来的生命意识是相契合的。中国佛教文化中与自然生态、精神生态有关的思想非常多，生态文明理论丰富而深刻，并将中国传统文化与生态学紧紧联系在一起。下面重点从佛教的"众生平等"思想来分析佛教文化中的生态观。

1. "众生平等"是佛教的生态伦理观

佛教思想的哲学基础是"缘起论"，缘起论的基本观点是，现象界的一切存在都是因为因缘而结合在一起的，如果离开因缘，世界上任何事物将无法独立产生和存在。佛教中"诸法无我，自他不二"的意思是，任何事物都不可能完全孤立地存在于世上，事物之间相互依存，互为条件。人是万物之一，所以也不可能完全孤立存在，人与自然界其他事物（众生）息息相关，每个人都是如此，毫无例外。

佛教将自然万物分为"有情众生"（具有情感的生命）和"无情众生"（不具有情感的生命）两种类型，前者包括人、动物等，后者包括山河大地、草木瓦石等。随着历史的演进及中国传统文化在佛教文化的不断渗透，佛教"众生"的内涵与外延都有了一定的扩展，最初的"有情众生"推进到宇宙万物，包括有情和无情两类。"众生平等"中的"平等"包括众生与佛的平等、人与人的平等、人与动物的平等、有情与无情的平等四个层次。简言之就是说，人、佛、动植物、无机物等宇宙间的所有事物之间都是平等的。这种平等观所倡导的平等是广义的、彻底的，强调自然万物平等存在，提倡将物我区别消除，这也使人类对生命的理解范畴得到了拓展。佛教描绘了人与万物平等相处、和谐共生的生态伦理境界，即"物不异我,我不异物,物我玄会,归乎无极"以及"天地与我同根,万物与我一体"。

2."众生平等"思想的延伸:生命轮回、因果相报

"轮回"是佛教所宣扬的一种神学思想,佛教认为一切生命都在"六道"中"轮回",在六道的序列中,行善者上升,作恶者下降。在六道中人是具有特殊性的,这点得到了佛教的肯定,但佛教否认众生之间的生存价值存在高低贵贱的区别。人的生命同其他万物的生命都在轮回转世,变化无定,人类"唯我独尊""以自我为中心""万物为我所用、为我服务"的思想都是错误的。不同众生虽然在六道序列中的排序不同,有高有低,但它们的生命本质是没有区别的,这表明一切众生都有成佛的可能,都是种善因得善果,种恶因得恶果,无一例外。

总之,"众生平等"是佛教文化中生态伦理观的高度概括与总结,强调尊重生命,指引人们追求高尚的道德境界。佛教的一系列教规教律都是在众生平等的基础上衍生出来的,如戒杀、素食、放生等,这些教规教律要求人们尊重生命、珍惜生命、保护动物、保护大自然生态平衡,可见佛教文化中的生态文明思想对维护自然生态平衡做出了重大贡献。

二、中国传统生态文明思想的现代价值

中国传统文化中蕴藏着丰富而深刻的生态文明思想,闪烁着耀眼的智慧光芒。儒家"天人合一"思想、道家"道法自然"思想、佛教"众生平等"思想中所体现出来的生态观在现代社会仍然具有重要的指导意义与借鉴意义,其现代价值不可忽视,大概可以总结为以下几点。

(1)帮助人们走出"人类中心论"的认识误区,引导人们树立人与自然有效合作、协同发展的世界观,这是具有现代意义和现实意义的思想观念。

（2）使人们正确认识人与自然的关系，并对人与自然的关系进行科学处理，为国家解决生态环境恶化问题提供新的思路。

（3）有利于促进人与自然的和谐发展。

总体而言，传统生态文明思想告诉我们，大自然是人类赖以生存的家园，人类要以大自然为"本"，而不能凌驾于它之上，否则就是"忘本"。我们要合理开发利用自然资源，加强对自然生态环境的保护，从而实现可持续发展的理想目标。儒家的"天人合一"思想不反对开发利用大自然，但反对违背自然规律而过度开发，所以我们必须尊重自然规律，遵循规律，适当开发、合理利用。鉴于中国传统文化中蕴含着深刻的生态保护思想，而且这些思想具有重要的时代价值，我们要深入学习与传承中国传统文化，大力弘扬与推广传统文化，在科学生态观的指引下进行生态文明建设，使人民群众在和谐的生态环境中幸福生活。

第二节　西方生态文明理论

在人类思想史上，西方生态思潮的兴起与发展是一件大事，它使人们思考问题的传统模式发生了变化，引发了诸多学科（经济学、政治学、伦理学等）思维方式的变革，并引起人们关注与重视社会生态环境问题，对促进人类可持续发展具有重要贡献，也能够为中国特色社会主义生态文明建设提供有价值的借鉴。西方生态思想复杂多样，异彩纷呈，本节主要选取几种具有代表性的理论与思想进行分析。

一、可持续发展理论

（一）可持续发展的概念

经济的快速发展在一定程度上是以破坏生态环境为代价的，

针对这个问题,发达国家的环境学家和生态学家最早提出了可持续发展思想,之后该思想在世界各国的学术界和政界都得到了广泛的认可与青睐。1987 年,联合国国际环境与发展委员会发表学术报告——《我们共同的未来》,首次明确对可持续发展的概念做出界定,即"既能满足当代人的需要,又不对后代人满足其需要的能力构成危害的发展"。

可持续发展的概念被明确提出后,其在环境问题与其他发展问题的相关研究中作为一个术语甚至是流行用语而被广泛应用。尤其是联合国于 1992 年举办环境与发展大会之后,可持续发展作为一个概念、原则、思想、理论而频繁出现在一些报刊中。[①]

(二)可持续发展理论的内容

可持续发展是一个整体的复合系统,涉及自然、经济、社会等方面,具体包括生态可持续发展、经济可持续发展和社会可持续发展三个方面的内容,这三者是协调统一的,其中生态可持续发展以安全为主,经济可持续发展以效率为主,社会可持续发展以公平为主。

1. 生态可持续发展

可持续发展要求充分考虑自然资源和环境的承载能力而追求发展,要求人类在地球的承载能力之内进行发展,注意控制性的发展。发展的同时必须注重对地球生态环境的保护和改善,合理利用各种自然资源,这样才能保证资源开发与利用的持续性与长久性。所以,发展要有限制、要讲适度,否则就不能可持续发展。生态可持续发展也强调保护环境,但环境保护与经济发展不是对立的,不要强行将二者隔离开来,甚至相互对立,而是要通过转变经济发展方式来使环境问题从根本上得到解决。

---

① 陈金清.生态文明理论与实践研究 [M].北京:人民出版社,2016.

2. 经济可持续发展

人类要生存,就必须以经济发展为第一要务,所以可持续发展鼓励经济增长,而不是以环境保护为名取消经济增长。但也绝不能以牺牲环境为代价来实现经济增长。可持续发展要求对传统的生产和消费模式进行调整与改善,倡导清洁生产和文明消费,以促进经济活动效益的提高,减少能源浪费和废物污染。集约型经济增长方式就是可持续发展观在经济领域的体现。

3. 社会可持续发展

可持续发展要求人类社会广泛分享发展带来的积极成果,特别是要利用这些成果来解决世界贫困问题,只有解决好贫困问题,缩小贫富差距,才能提升社会保护地球生态环境和美化地球家园的能力。世界各国可以处于不同的发展阶段,可以有不同的发展目标,但发展的内涵应一致,即创造一个保障全民住房和食物、健康和卫生、教育和就业、平等和自由、安全和免受暴力的良好社会环境,这是社会可持续发展的基本要求。

（三）可持续发展理念的先进性分析

（1）可持续发展是一种新的发展理念,其有别于旧发展观,这个新理念强调经济、社会、资源和环境保护等多方面的协调发展,目的是既发展经济,又使人类赖以生存的自然环境得到良好的保护,使子孙后代能够永久发展、安居乐业。

（2）可持续发展理论克服了旧发展观的片面性,实现了发展理论从经济向社会、从单一性向多样性、从主体单一化向主体多元化、从独立性向协调性的转变。

（3）可持续发展是在人类理智认识自然界、社会和人的关系,树立新的价值观和伦理观以及重新审视现有生存状态及方式的基础上提出的关于人与人、人与自然、人与社会之间协调发展的重大战略思想,是针对发展问题所做出的理性回答,是现代发展理论的核心。

二、生态社会主义

生态社会主义是生态运动和思潮的重要流派之一,阿格尔的代表作《西方马克思主义概论》(1979年)中最早出现这一流派,阿格尔、巴赫罗、莱易斯、佩伯、高兹等是该流派的主要代表人物。20世纪90年代之后,生态社会主义学家注重吸收绿党(提出保护环境的非政府组织发展而来的政党)和绿色运动推崇的一些基本原则,涉及生态学、基层民主、社会责任以及非暴力等方面,同时也坚持马克思主义关于人与自然的辩证关系的基本理念,否定资产阶级狭隘的人类中心主义和技术中心主义及其把生态危机的根源归结为资本主义制度下的社会不公平和资本积累本身的逻辑,对资本主义的经济制度和生产方式进行了批判,要求重返人类中心主义时代,这为生态社会主义思想的形成奠定了基础。[①]

下面具体分析生态社会主义思想的主要内容。

(一)包容性民主变革

生态社会主义思想中的包容性民主改革(生态民主改革)主要是为了实现权力在所有水平上的平等分配。这不是空想,而是走出生态危机的必然选择。包容性民主变革不仅追求希腊式民主,更希望超越希腊式民主,旨在实现政治、经济、社会、生态的和谐统一。包容性民主与对应的各种形式的民主范式在一定程度上取代了市场经济、国家主义民主及它们对应的社会范式,并且建立起一种自下而上的"政治和经济权力的大众基础",即直接的和经济民主的公共领域。这就把联邦化推向了历史的前台。这一方法有助于使社会、经济和生态灾难的问题从根本上得到解决,有助于将现存的不合理的权力结构消除。替代性民主及对应

---

① 王舒.生态文明建设概论[M].北京:清华大学出版社,2014.

的社会范式是真正的包容性民主,并将成为社会的主导性民主,将使人们首次获得真正的权利来决定自身命运,并确立一个新的大众权力基础。随着包容性民主变革的不断深入,原来的主导性的社会范式及制度框架将渐渐走向衰亡。

（二）生态化生产

生态社会主义对生态马克思主义提出的分散化和官僚化的乌托邦思想以及垄断资本主义和苏联高度集权化的社会主义经济持反对态度,同样对稳态经济也是反对的,生态社会主义主张以公有制和民主管理为基础而推动计划和市场的结合,使集中与分散相折中,中央与地方互补,也就是倡导一种混合型的经济增长方式。

生态化生产主要包括以下几个要点。

1. 生产过程与产品的一致性

生产过程是产品的重要组成部分,因受到资本主义压抑而消失的生产过程的快乐将会重新出现在生态化的生产过程中,并成为日常生活的重要组成部分之一。劳动成为生态化生产的自由选择,其目标在于实现使用价值,而非资产阶级追求的交换价值。要实现生态系统的整体性,一个非常重要的基础条件就是使生产过程的民主化和生产产品的民主化得到统一。

2. 生产过程与热力学定律相符

太阳能够为地球补充能量,但资本主义为了获得最高利润,会穷尽一切办法通过燃烧石油和煤炭等来转化能量,从而将人工劳动代替,但自然系统是相对封闭的,尽管煤炭、石油等资源经过加工可以转化为能量,但它们不是取之不尽、用之不竭的,这些资源会越来越少。从热力学定律来看,这种转化不可逆转,所以为了实现人类社会的可持续发展,改革这种资本主义生产体系非常必要。尽管生态化生产与能量守恒定律不是完全相符的,但为了避免因为资本对能源的消耗而造成的高熵值的不稳定状态,我们要尽可能将可更新能源充分利用起来,或直接对人工劳动加以利用。

3. 生态化生产与生态化需求的一致性

"需求的极限"理论(克沃尔)指出,要对人类的需求进行重新定位,就要先提高人类的感受性。将这一理论运用到生态化生产中,就是要变革基本的劳动组织,并从质量上对人类需求是否得到满足进行判断,这也与可持续发展息息相关。

4. 生态化生产与人的思维方式的一致性

人类必须创造一种可接受的存在方式,维护可持续运行的生态系统,既要承认人类是自然的重要组成因素之一,又要在劳动过程中学会与自然和谐相处。

(三)社会公正与环境公正

资本主义制度中不合理分配资源的行为造成了普遍的社会不平等现象,而且使全球生态系统遭受严重破坏。绿色经济理论指出,面对生态危机,资本主义表现出较好的免疫力,它可以通过建立奖惩制度、设立生态关税等手段来应对危机,并实现自我恢复。绿色经济理论并不在资本主义体系范围内,但与资本主义体系也不是对立的。尽管绿色经济理论会严厉批判资本主义,但也不会关心社会制度的改革问题。相对来说,其实主流的生态经济学家对经济的规模问题并不关心,真正关心经济规模的生态经济专家大都是支持绿色经济的,他们试图凭借自己的努力而实现小型的独立资本的恢复,因此可以将他们称为新亚当·斯密主义。

亚当·斯密倡导自由市场经济,这明显不同于新自由主义。亚当·斯密对于市场垄断是持反对态度的,他支持小生产者,并主张小生产者之间相互交换产品,倡导买卖双方要自律,市场主体要合理竞争,以防造成垄断和出现单方面决定价格的现象。对于政府干预市场经济的行为,新亚当·斯密主义是表示反对的,因为很多经济垄断现象和经济巨人症都是因为政府干预市场经济而造成的。大卫·科特是新亚当·斯密主义的代表人物,他指出,生态社会主义和民主多元主义有很多共同点,生态社会主义要求规范市场秩序,并在此基础上依靠政府和社会的共同努力来对垄断行为进行阻止,从而推动市场经济的进一步发展。对于大卫·科特提出的见解,克沃尔指出了其中的问题与缺陷,认为他的理论与资本本身的集中和扩张无关,没有提及这方面的问题,是不全面的,而且指出大卫·科特本人否定科学技术革命,将科技视作剥夺自然意义和生命意义的危险因素,认为大卫·科特表面上披着绿色外衣,内心则对资产阶级利益予以维护。

三、生态现代化理论

(一)生态现代化理论简析

20 世纪 80 年代,西欧发达国家最先提出生态现代化理论,20 世纪 90 年代中后期,随着全球化进程的加快,该理论逐步向整个欧美地区以及东南亚等地传播与拓展。生态现代化理论提出了一种生态与经济相互作用的模式,旨在连接发达市场经济中的现代化驱动力与长期要求(通过改革与创新环境技术来构建环境友好型社会)。当代社会人类面临着严峻的生态挑战,生态现代化理论对这个问题作出了新的阐释,强调在有序的市场竞争的过程中加强绿色革新,从而一方面促进经济繁荣发展,另一方面减少环境破坏现象的发生,实现经济发展与环境保护的共赢,一举两得,这样就不必大张旗鼓地改革经济社会制度结构,也不必大规模重建市场经济运作方式。

生态现代化理论是一种绿色政治社会理论,该理论较为温和、实用,所以一些国际机构、国家政府和环境非政府组织很快就接受了这一理论。自 20 世纪八九十年代以来,该理论作为社会发展领域的一种重要生态思潮而不断传播与拓展,并为欧洲很多国家及其他地区的环境治理与变革提供了重要的理论指导。

（二）生态现代化理论的特征

现在,生态现代化理论已发展成为完整的思想体系,并呈现出以下几个鲜明的特征。

1. 依靠技术革新

生态现代化理论倡导通过改革与创新环境技术来实现经济与环境的协调发展,技术革新被置于一个非常关键的地位,受到高度重视。科学技术是把双刃剑,对于这一点,生态现代化理论是承认的,但生态现代化理论强调的是科学技术在生态重构方面作为工具与手段的重要作用。

2. 利用市场机制

生态现代化由很多因素构成,市场机制这一要素在生态现代化理论体系中居于核心地位,生态现代化以市场为基础,强调市场的重要作用,但不是一味强调纯粹的市场力量,而且也不排斥国家和政府部门的干预,反而希望通过政府的适当干预来纠正市场的偏差,创造一个有利于实现经济繁荣和环境保护的共赢目标的市场环境。

3. 强调预防为主

传统的修复补偿和末端治理环境政策是存在一定缺陷的,基于此,生态现代化理论提出了预防原则和以预防为主的环境政策。一般都是出现环境问题后才出台环境政策,这样就会使生态系统受到严重影响,甚至无法顺利维持。所以提出预防原则和预防为主的环境政策很有必要,这与事后治理并不矛盾。事前预防和事后治理结合起来,更有利于解决环境问题,兼顾预防和治理非常重要。有时候即使做了预防工作,也难免会出现环境问题,只是问题的严重程度会减弱,造成的危害会减少,这就需要采取事后治理的政策。制定以预防为主的环境政策时,要有预见性,未雨绸缪,但也要做好两手准备,即被动治理的准备,将环境问题造成的危害降到最低。

4. 调动各种力量

生态现代化理论指出,生态环境问题的产生是综合而系统的,解决生态环境问题既需要政府充分发挥宏观调控作用,又需要社会各界积极广泛参与,只有将二者结合起来,环境问题才能得到更加有效的解决,这充分反映了解决环境问题的公众性。当前,政府与环境运动之间存在着一定的分歧,而且是敌对性很强的分歧,生态现代化理论主张尽可能消除这种分歧,这也是西方发达国家政府青睐生态现代化思想的一个重要原因。

5. 实行渐进变革

生态现代化以市场为基础,是一种更容易操作的且事实证明卓有成效的环境政策方法,其与结构性解决方案相比是有优势的。生态现代化理论倡导的是一种渐进式变革,具有阻力小的优势,正因如此,企业界、比较温和的环境团体以及科学家才对该理论表示认可与接受,而且也正因为有众多力量的支持与认可,生态现代化理论才能不断发展与完善。在这些社会力量中,企业界之所以支持生态现代化理论,主要是因为其在该理论的指导下能够实现经济的可持续发展。

总之,生态现代化理论和过去的环境学说相比而言,对于环境问题的认识更全面、深刻,并提出了更有利于解决生态危机和环境问题的政策方案,经过实践检验,这些政策方案的可操作性很强,切实可行且卓有成效。这一生态文明理论在西方国家乃至世界各国的生态文明建设中都具有非常重要的借鉴和参考意义。

第三节　马克思主义生态文明理论

马克思主义思想体系的创始人和奠基人是马克思和恩格斯,他们以人类社会的发展历史、人类思维的发展规律以及自然界为考察对象,构建了庞大而系统的思想体系,包括经济理论体系、政治理论体系、哲学理论体系、社会理论体系等,这些理论体系中都或多或少包含着生态文明理论,如人与自然辩证关系的思想、正确处理人与自然关系的理论以及人类与自然界和谐发展的观点等,这些理论对解决社会环境问题和缓解生态危机具有非常重要的现实意义,它们为各国建设生态文明社会奠定了重要的理论基础。

下面具体分析马克思主义生态文明思想。

一、人与自然的辩证观

人与自然辩证关系的思想是马克思主义生态文明思想的核心。在所有的哲学观研究中,都将人与自然的关系问题作为研究的核心。正确理解与深入阐释人与自然的关系是哲学自然观的主要任务,从而使人们依据某种范式来对自身与自然的关系进行处理,使人类自觉规范自己的行为,善待自然。马克思主义的辩证唯物主义自然观是在积极扬弃旧的哲学自然观的基础上形成的,辩证唯物主义自然观坚持唯物主义原则,对自然界的客观实在性是承认的,而且对传统观点中关于劳动中介性的思想进行了批判性的吸收,从新的视角对人与自然的关系进行考察,从现实出发对人与自然的分化与对立关系进行解释,又在遵守生存实践原则的基础上对人与自然的和谐统一进行探索,从而向我们揭示了人与自然的实质关系,具体表现在以下几个方面。

（一）人是自然界的产物和组成部分

马克思认为，人类是自然界发展到一定阶段的产物，是在自然环境中和大自然一起发展起来的。对于人类来说，自然界具有先在的物质性，这里的"先在"指的是自然界不以人为依赖而存在。人是第二性的自然存在物，是受制约、受限制、受动的。关于人类是自然界发展到一定阶段产物的这个命题，恩格斯在《自然辩证法》一书中又从生物进化角度做了进一步的论证，提出人的身体、器官、思维意识都是自然界的产物。马克思和恩格斯都认为人和自然是混沌一体、不可分离的，人具有自然属性，是自然界发展的产物，是自然系统中不可或缺的重要组成部分之一，是融于自然的生命体。如果认为人和自然是对立关系，把人类置于自然之外，认为人是高高在上的主宰者，那么人类就会毫无节制地索取和掠夺自然生态资源，对自然界造成严重的破坏，这样人类的生存环境就会一步步地恶化，甚至会失去赖以生存的家园。

（二）自然是人类生存的基础，是人类实践活动的对象

人类要生存，要维系生命，就必然离不开大自然，人对自然的依赖性非常强，人类如果脱离自然，就无法生存下去，因为他们会失去获取物质生活资源的来源，失去交换物质、能量及信息的对象。马克思认为，自然界就是人的"无机身体"，人靠自然界生活。人类要繁衍生息，就不得不从自然界中获取丰富的物质生活资料，人类与自然界之间的交往、互动是永不停止的，人类只有保持与自然的密切关系，才能维持生命活动，所以说自然界是人类必须依赖的生存环境，人类要善待自然，如同善待自己的身体，保护生态环境是人类善待自然的集中表现。

人类不仅可以从自然界中获取丰富多样的物质生活资料，从而为自身的生存发展提供基础保障，还可以从自然界获取精神食粮，从而在满足物质生活需求的基础上进一步丰富精神生活，提高生活品质。自然界也是人的精神的"无机界"，马克思认为，"从

理论领域说来,植物、动物、石头、空气、光等,一方面作为自然科学的对象,另一方面作为艺术的对象,都是人的意识的一部分,是人的精神的无机界,是人必须事先进行加工以便享用和消化的精神食粮。"① 大自然赋予了人类丰富的情感、顽强的意志、无限的智慧和超脱的灵气,因此,从物质与精神两个层面来看,自然界都是人类赖以生存与发展的重要条件。

(三)人类和自然界的关系是受动性和能动性的统一

马克思在《1844年经济学哲学手稿》中明确指出:"人作为自然存在物,而且作为有生命的自然存在物,一方面具有自然力、生命力,是能动的自然存在物;这些力量作为天赋和才能、作为欲望存在于人身上;另一方面,人作为自然的、肉体的、感性的、对象性的存在物,和动植物一样,是受动的、受制约的和受限制的存在物,就是说,他的欲望的对象是作为不依赖于他的对象而存在于他之外的。"② 马克思的这一论述包含以下两个层面的意思。

(1)作为受动的自然存在物,人类是受自然界制约和限制的。

(2)作为能动的自然存在物,人类能够对世界形成正确的认识,并在实践活动中对世界进行改造。

人类与自然界之间是通过劳动这个媒介来交换物质、能量及信息的,人类针对自然界这个对象进行实践活动,在劳动过程中对自然界进行改造。劳动是人类生存的必要手段,不管社会形式如何变化,劳动作为使用价值的创造者是始终不变的。人与自然之间交换物质或非物质的东西,都要依赖劳动这个媒介,这是人类永久生存发展的自然必然性。人类对自然环境的改造并不是盲目的,而是有意识、有目的的,目的是使改造后的自然环境更能满足人类生存与发展的需要,人类改造自然其实就是为自己创造

---

① 韩春香.“美丽中国”视域下生态文明建设的理论与路径新探[M].北京:中国水利水电出版社,2017.
② 王舒.生态文明建设概论[M].北京:清华大学出版社,2014.

更好的生活环境,创建理想的家园。人类具有能动性,这就决定了在其与自然界的关系中是为了自身的存在而存在,而非为了其他自然存在物而存在;人类同样也具有受动性,这决定了人类必须顺应自然发展规律,在这一基础上改造自然,在改造性的实践活动中不能违背规律,肆意妄为,否则将会造成严重的甚至是不可估量的后果。

在《自然辩证法》中,恩格斯提到:"我们不要过分陶醉于我们人类对自然界的胜利。对于每一次这样的胜利,自然界都对我们进行报复。每一次胜利,起初确实取得了我们预期的结果,但是往后和再往后却发生完全不同的、出乎预料的影响,常常把最初的结果又消除了。"[①] 这其实是恩格斯对人类的一种警告,告诫人类如果忽视自然界的制约作用,无止境地破坏大自然,最终必然将自食苦果,制约自己的生存与发展。

（四）人类要与自然共同进化、和谐发展

人类要与自然共同进化,和谐发展,这是由人类与自然的辩证关系所决定的。马克思将自然分为两种类型:一种是"自在自然",另一种是"人化自然"。人化自然就是经过人类加工改造后的自然界,而加工改造的对象是自在自然,人类对自在自然有了一定的认识后,便在实践活动中对其进行有意识、有目的的加工与改造。人化的自然界并不是人们从客体直观的角度去理解的纯粹自在的自然界,而是与人类实践活动及人类的发展历史密切相关的自然界,人化的自然界是人认识活动和实践活动的重要对象。人化后的自然更适合人类生存,与人类生存发展的需要更契合。马克思的"人化自然"思想主要强调了以下两点内容。

（1）自然界的存在、发展需要人的参与。

（2）人类的存在方式主要是实践、劳动,这是人类的对象化活动,具有明确的目的性。

---

① 王舒.生态文明建设概论 [M].北京:清华大学出版社,2014.

人化自然思想的核心是"人与自然在实践基础上的统一",人类与自然的价值关系集中体现在人类的社会实践活动中,人与自然的相互作用是人类实践活动得以实施的根源。需要注意的是,人与自然在实践基础上的统一并不是说简单地将人与自然界结合起来,这种实践的特点也不是说在人的特征与自然的特征中寻找共同点,我们可以将这种实践理解为在人与自然的相互关系中生成的整体性和一体化,人类必须尊重自然,爱护自然,努力将生态系统的完整性与稳定性维护好,然后才能更好地实现自己的价值。

二、人与自然和谐发展的观点

人与自然和谐发展是马克思主义生态文明思想的目标。马克思主义生态文明思想以人、社会和自然的相互关系作为哲学基础,既不是从人之外的自然界出发,去寻找抽象的客观性,也不是从自然界之外的人出发,去分析抽象的主观性,而是从实际活动的人出发,从人、社会与自然的相互作用出发,建立自己实践的辩证观。这就表明现实的世界是人与自然相互作用的世界,它不是人的世界与自然界的简单的相加,而是它们相互构成的整体。因此,我们马克思主义的生态文明思想既重视人的社会关系的分析,又重视人与自然相互作用的分析。

(一)人与自然和谐发展的历史:从和谐到失衡,再到新的和谐

随着生产力水平的不断提高和人类对自然规律的深入认识,在不同的人类社会发展阶段,会对自然产生不同的影响,下面进行具体分析。

在原始社会,人类生产活动的主要方式是采集和狩猎,人对自然有着强烈的依赖性,自然环境对人类生产和生活有明显的制约性影响,人与自然关系和谐,这是原始社会的人与自然的关系。

在农业社会,人类的生产方式主要是农业劳动,在这一生产

方式中,生产者是人,自然界是劳动对象,二者密切联系。因为当时农业劳动的生产规模相对较小,强度也不大,所以对自然界也只是产生了较小的负面影响,人类与自然的关系相对融洽。但当时人类乱砍滥伐的不良现象也确确实实存在,尤其是通过战争来争夺水土资源对自然生态造成了明显的破坏,这就导致人与自然的关系在相对和谐中出现了不和谐的一面,这是一种区域性和阶段性的不和谐。

在工业社会,科学技术有了显著的进步,社会生产力水平也得到了极大提高,人类活动方式更加多元化,活动范围也更大,除了在地球表层活动,在地球深部及外层空间也有了一定程度的拓展。与此同时,人类在漫长的发展历史与实践劳动中积累了丰富的经验,学会了很多技能,这使得人类在改造自然中更加得心应手,控制自然的意识与能力也逐渐提升。人类活动的规模虽然在不断扩大,但很多活动都是无序的、违背自然规律的,这导致自然界的生态结构被打乱,生态平衡遭到破坏,自然界受到严重威胁,人与自然之间形成了对立的关系。

随着人类生产活动的不断扩大,人与自然的对立关系更加鲜明,现代人为了满足自己的欲望而无限制地开发自然资源,甚至是一种带有野蛮性质的掠夺性开发,这种行为造成了自然资源的浪费,严重破坏了生态环境。特别从19世纪中期以后,人与自然的关系进一步恶化,矛盾升级,达到尖锐化程度,地球生态系统的演变路径和演变方向也因此而受到影响,人类赖以生存的自然环境面临严重的威胁,如果不及时缓和人与自然的关系,后果将不堪设想。

（二）人与自然和谐发展的必要条件：遵循自然规律

马克思主义生态文明思想认为,人类能够通过实践活动来改造自然,但前提是尊重自然界客观规律,不能为了一己私利而肆无忌惮地掠夺自然、破坏自然,否则不仅不能达到预期目标,反而会遭到自然的报复。恩格斯不断警醒人们,"我们必须时时记住:

我们统治自然界,绝不能像征服者统治异族人那样,绝不能像站在自然界之外的人似的。相反地,我们连同我们的肉、血和头脑都是属于自然界的,存在于自然界的。我们对自然界的全部统治力量,就在于我们比其他动物强,能够从事和正确运用自然规律"。[①] 马克思还认为,不仅自然物质的内在规律不能改变,由于人类认识自然和受到自身利益的理性能力限制,不可能充分掌握自然界的全部规律,规律背后还有规律,人类只能循序渐进地加深对自然界的认识和理解。

(三)人与自然和谐发展的必由之路:发展科学技术

马克思、恩格斯从科学技术的角度阐释如何解决资本主义工业文明时期遇到的环境恶化难题。

一方面,马克思、恩格斯主张依靠科学技术"再加工"和"再利用"生产和消费过程中产生的废弃物,以减少工业废料对环境的污染。另一方面,马克思主张用科学技术改进生产工艺,发明和利用新的生产工具,有效减少废弃物的产生,减轻对环境的压力。

三、人口、资源、经济协调发展的观点

人口、资源及经济的协调发展是马克思主义生态文明的实践观,其中有两个关键问题:一是如何处理好人口再生产与物质资料再生产的关系;二是如何处理好自然再生产与物质再生产的关系。下面简要分析这两个问题的相关理论。

(一)人口再生产和物质资料再生产协调发展的理论

马克思和恩格斯认为,物质资料再生产和人口再生产是社会再生产的两个重要组成部分。物质资料再生产是人口再生产的

---

① 王舒.生态文明建设概论[M].北京:清华大学出版社,2014.

基础,只有周而复始地进行物质资料的生产,不断地为社会提供物质资料,满足人类所需,人类才能存在和延续。人口再生产又是不断进行物质资料再生产的条件。社会再生产的发展过程既是物质资料再生产由低级向高级的发展过程,也是人口再生产由低级向高级的发展过程。由于社会再生产过程是物质资料再生产与人口再生产的统一,两者只有协调发展,才能保证社会扩大、再生产顺利进行。

科学技术可以使人口增长与自然资源保持动态平衡,人类社会历史发展表明,科学技术的发展确实能为人类带来源源不断的自然资源,一方面人类可以通过科技的进步不断提高生产效率和自然资源的利用效率;另一方面,人类可以通过科技创新发现新的资源和能源,扩大自然界的利用对象,为人口增长提供新的自然资源和活动空间,从而解决满足人口增长所需的物质生活资料增长之间的协调发展问题。

（二）自然再生产与物质再生产协调发展的理论

马克思、恩格斯认为,社会物质生产是由自然生产力和社会生产力共同作用的社会性实践的生成物,社会物质生产要与自然物质生产保持协调性。自然再生产是物质再生产的前提,人们在自然物质生产的基础上进行社会物质生产,把自然物质纳入到社会物质生产过程中;同时,人类在社会物质生产过程中又创造了一个人化自然的世界,这样,自然物质生产与社会物质生产之间相互作用、相互转化。因此,社会再生产包括物质再生产和自然再生产,社会再生产是这两个物质再生产过程的统一。但人类总是只关注社会物质生产,对自然物质生产漠不关心,常常以损害自然物质生产的方式来发展社会物质生产。因为人类的生存和发展不仅消耗了自然物质,同时还降低了自然生态系统的质量,人类要实现可持续发展,就必须对自然生态系统提供必要的补偿。

总之,马克思、恩格斯以科学的世界观为指导,深刻揭示了人与自然的真实关系,明确阐释了人在世界中的地位与作用,提出了关于生态问题的主要解决思路。马克思、恩格斯关于人与自然关系的生态思想对我们正确处理人与自然的关系,转变经济发展方式,缓解生态危机,建设美丽家园等具有重要指导意义。

第三章 生态文明的文化解析

文化是国家和民族的灵魂,中华文化多元一体,源远流长,在漫长的历史岁月中,中华民族从原始社会走到 21 世纪的今天,中华文明发展历程中,形成了人与自然和谐相处的智慧,这就是中华生态文化,随着人类社会的不断发展,中华民族的生态文化也在不断发展和丰富。在新时期,研究生态文化,对于建立美丽中国,弘扬中华生态文化,促进世界人类文化与生态环境和谐发展,保护人类家园具有重要意义。本章重点就生态文化的相关理论知识进行研究,以更好、更全面、更深入地了解生态文化。

第一节 生态文化概述

一、生态文化相关概念解析

（一）文化、文明

1. 文化与文明的概念界定

文化与文明是经常使用到的两个词语,关于这两个词语,我国词典上有较为详细的概念界定。

《现代汉语词典》中认为"文化"是"人类在社会历史发展过程中所长足的物质财富和精神财富的总和。"

《现代汉语词典》中对"文明"的解释是"文明同文化;文明

指社会发展到较高界定或具有较高文化；文明旧时指西方现代色彩的风俗、习惯和事物。"

2. 文化与文明的关系

目前在学术界，关于文化与文明的关系主要有如下几种认识。

（1）文化与文明同义。西方国家对文化和文明的研究开展较早，19世纪英法学者对"文明"的词义解释几乎都是与"文化"相同的。

1871年，英国人类学家泰勒在其《原始文化》一书中就指出了"文化或文明，是一个符合的整体"。

（2）文化包括文明。有学者认为，文化的概念范畴要比文明的概念范畴更广一些，很多学者认为人类文化先于人类文明的出现，在人类文化发展过程中，文明是文化的高等形式。本书比较认同该观点的阐述。

（3）文化和文明是不同属性的两个内容。20世纪前后，有学者提出了文明是人类物质文化，文化是专指人类精神文化的观点。德国社会学家艾尔弗雷德·韦伯认为，文明是"发明"出来的，文化是"创造"出来的，文明可以传授，具有工具性，文化是特定地点与时间的民族性表现，需要传承。

举例来说，科学技术和发明物属于文明，道德、伦理、艺术属于文化。

（二）生态文化

随着人类社会的不断发展，人与自然之间的关系越来越被人们所关注。生态文化逐渐成为很多学者都关注的研究课题。关于生态文化的研究比较广泛，就生态文化的概念，不同的学者都基于自己的研究角度提出了一些看法，各有侧重，目前，学术界尚未有关于生态文化的概念的统一性描述。

生态文化的概念界定，具有代表性的作者与具体描述主要有以下几种。

（1）国际上第一次提出"生态文化"概念的是佩切伊（Aurelio Peccei），他在《21世纪的全球性课题和人类的选择》一文中指出：人类从自然中获取，使自然受到破坏，人类也因此会失去生存的基础，人类要实现自救，唯一方法就是"进行符合时代要求的那种文化革命，形成一种新的形式的文化"，这种文化就是生态文化。

（2）余谋昌是我国最早对"生态文化"的概念进行界定的学者，他认为，生态文化是人类保护生态的一切活动成果，以及人与自然交互过程中所形成的各种价值观念、思维方式。[①]

（3）陈璐认为，文化是一个民族对所处自然环境和社会环境的适应性体系。[②]

（4）有人指出，作为人类从"生态自觉"到"文化自觉"的产物，"生态文化"是人类存在方式的表征和人类未来社会发展的方向。[③]

（5）有研究指出，生态文化是人与自然和谐共存、协同发展的文化。

（6）有学者认为，生态文化包括生态物质文化和生态精神文化，前者是马克思生态文化思想超越于中国传统文化及西方生态中心主义的重要内容，后者是建立在前者基础上的上层建筑。[④]

（7）我国现代文化研究者一般认为，生态文化有广义和狭义之分，广义生态文化指人类发展进程中所创造的反映人与自然关系的物质和精神财富的总和；狭义生态文化指人与自然和谐发展、共存共荣的生态意识、价值取向和社会适应。[⑤]

①　余谋昌．生态文化论 [M]．石家庄：河北教育出版社，2001．
②　陈璐．试析生态文化的内涵与创建 [J]．广西社会科学，2011（4）．
③　赵光辉．生态文化：人类生存样态的文化自觉 [J]．鄱阳湖学刊，2017（4）：67-68．
④　徐瑾．生态文化刍议 [J]．中原文化研究，2018（1）：84．
⑤　江泽慧．生态文明时代的主流文化——中国生态文化体系研究总论 [M]．北京：人民出版社，2013．

二、生态文化的基本内涵

从不同的角度对生态文化进行研究,可以认识到生态文化的不同内涵。这里主要从以下几个角度进行分析。

(一)研究对象角度

从研究对象角度来看,生态文化的主体是人,生态文化研究的是人与自然之间的关系与和谐相处模式。

人与自然和谐共处是人类社会可持续发展的重要基础,随着人类社会的不断发展,人类从自然中的索取越来越多,使得赖以生存的生态环境不断恶化,21世纪,人类社会各个方面的发展突飞猛进,越来越多的人开始依赖生态环境的发展,生态文化是人类克服生存危机的新的文化选择。

从人与自然的关系来看,人类社会要获得良好的发展,就必须适应自然,同时,也要使自然适应人。一方面,人只有适应自然,尊重自然规律,才能合理地改造自然,才能合理地利用自然资源,保护自然;另一方面,要使自然适应人,就必须注重修复和反哺自然,为人与自然和谐共处建立良好的物质基础。人与自然的相互适应,反映了人与自然一体性和人对自然依存关系唯一性的理解和实践,人类要持续生存下去,必须依赖自然,别无其他选择。

总的来说,在人类社会发展过程中,为适应和维护各种不同生态环境所创造和积累的一切事、物、关系等,都是生态文化研究的对象。

(二)本质属性角度

生态文化作为一种先进的文化,它与自然科学、社会科学都具有非常密切的关系,生态文化是一种涉及社会性的人、自然性的环境、人与自然关系的多方面内容的文化。

从生态文化的本质属性来看,生态文化是人类社会生存发展过程中人类智慧的结晶,同时,生态文化也在人类社会发展过程中具有推动性作用,这种作用渗透于社会生态的各个领域。

鉴于生态文化与自然环境、与人类社会的密切关系,生态文化的属性是由自然环境属性和人类社会属性所决定的。

从人类发展角度来看,人是自然的一部分,是自然的产物,人的物质生活和精神生活都离不开自然,受到自然环境发展的制约,人类的生存与发展需要依赖自然环境,因此,人必须要尊重自然、敬畏自然、保护自然。人从自然环境中不断索取,使自然环境在发展中受到来自人类社会的外力的干预甚至是伤害,同时也就必然承担着一定的环境保护和修复责任,人应该学会与自然和谐相处。

(三)价值取向角度

价值取向(value orientation)是指一定主体所持的基本价值立场、价值态度以及所表现出来的基本价值倾向。

价值取向的最重要和直接的作用就是价值选择。对于任何事物和人以及各种相互关系的处理来说,基于价值所作出的取向与选择都会对选择主体产生重要的影响。

生态文化价值取向在于始终保持人与自然之间的相互关系处于一种全面、和谐、协调、可持续的发展状态。

生态文化价值取向具有以下几个特点。

(1)核心价值观是关爱自然、珍惜资源、改善生态、人与自然和谐共存。

(2)是一种文化选择。

(3)受人的价值观念影响。

(4)具有促进绿色评价、生态觉醒、公平正义、调节思想、改善行为等定向功能。

(5)决定了人对自然的一切"进退取舍"。

生态文化是人与自然和谐的文化,使人们意识到,人类社会的发展应从人类重心注意价值观念中解放出来,进而坚持促进人与自然和谐发展,这样的价值观才是正确的价值取向,才是符合现实社会发展的正确的价值观。

(四)时空跨度角度

从时空发展的角度来看,生态文化是随着人类社会的发展而不断丰富与完善的,人类正是在与自然不断相处的过程中,逐渐探索出属于人类社会和自然的两者和谐共生的发展道路。

生态文化具有时间和空间双重属性,表现如下。

不同地域所产生的生态文化不同,具有与当地自然环境以及当地所生活居住的群(主体)之间相互影响渗透,形成具有地域特色的生态文化。如以农业生产为基础的陆上生态文化和与水相依的海上生态文化是不一样的。但随着人类社会的不断发展,各个地域的文化相互碰撞、交流、影响,彼此认同、接受、吸收借鉴,各种文化具有趋同发展趋势。生态文化具有地域差异性和国际趋同性。

不同历史时期的人类生态文化的内涵不同。作为人类所共有的文化,生态文化的发展是不断成熟的,其汇聚了不同时期的先进的生态文化,在历史发展过程中,对文化中不合理的部分进行改革或摒弃,对优秀的部分进行传承,生态文化具有历史传承性和时代创新性。

第二节 生态文化的演进历程

一、生态文化的起源

文化的发展与人类的产生与生产力的发展是同步的,人类产生、改造自然环境与构建社会关系,就同时产生了文化。

文化的发展与人类的认知水平、程度、范围具有非常密切的关系。在人类社会早期,人类的认知有限,对自然界的万事万物都存有敬畏之心,这一时期,最早产生的人类文化就是原始宗教。

(一)原始宗教

原始宗教,又称"自然宗教""自发宗教",它是原始社会时期的宗教形式。原始宗教以历史发展的客观进程为主要依据,分为以下三个阶段。

1. 第一阶段——大自然崇拜阶段

人类出现早期,人类在大自然面前是十分弱小的,和其他动物一样,需要与自然做斗争,需要同野兽做斗争去争取生存资料,早期人类从大自然获取生存生产资料,不了解大自然的变化和各种规律,如不了解日夜更替规律、四季变化规律,不了解月有阴晴圆缺、电闪雷鸣变化,这一时期的人类对大自然是"心生敬畏",处于生存的需求,人类尤其崇拜与生产生存关系密切的自然力与现象。这一时期,人们的认识十分狭隘,出于对自然现象的恐惧,便萌发了万物受神灵主宰的观念。

2. 第二阶段——灵魂崇拜和祖先崇拜阶段

人类社会的发展是快速的,人类生产力的每一点进步都促使人类对自然的探索更进一步,随着人类生产力和生产方式的不断发展,人类能够从自然界获得充足的生产资料和生活资料,在满足日常生产生活的基础上,人类就开始产生各种生产制造技术、舞蹈绘画、文字等文化,同时,人类开始思考生老病死,探索生命存在与发展的奥秘,古人认为灵魂是不死的、是可以离开肉体幽游的东西,以活人为依据想象死亡之后的世界,于是产生了早期的宗教文化。

3. 第三阶段——图腾崇拜阶段

在人类以群体生存生产的基础上,人类不断繁衍,形成部落、民族,为了团结族人,每个部落都有负责记录部落历史和占卜的先哲,他们传承部落精神,通过符号来记录部落发展,并将部落崇拜对象具象化为图腾,图腾是一个部落和民族的精神支柱与力量来源。

尽管原始宗教是一种非科学的信仰文化,但是人类认识世界、认识自身的尝试与结果,具有文化进步意义。

(二)图腾崇拜

图腾崇拜是原始宗教发展过程中的一种宗教信仰形式,并逐渐从原始宗教对自然和先人的崇拜中分化独立出来,具有了想象意识,这些图腾的动物原型成为人类自主创造出来的一种庇护神。

人类在与大自然中的野生动物进行接触的过程中形成复杂的关系,一方面要将野生动物作为食物维持生存,另一方面又处于被野生动物伤害的危险与恐惧中,希望寻求庇佑,进而形成了不同的崇拜。

世界范围内,各个民族的图腾多种多样,有动物、有植物,有动植物的结合,也有人们创造和想象出来的生物,如龙、麒麟、凤凰等。我国先秦古籍《山海经》中记载有 105 个邦国,有 14 个邦国有图腾,179 个神河氏族中有 44 个有图腾。北美洲辛尼加部落有 8 种动物图腾。澳大利亚卡来拉依部落的 6 个氏族有图腾。

(三)自然崇拜

自然崇拜,具体是指人类把自然现象人格化,作为具有强大意志和威力的对象进行崇拜。中外流传的神话传说就是自然崇拜的具体表现。

自然崇拜的对象是自然,但各区域崇拜对象有所不同,主要有以下几种。

1. 天崇拜

我国古人对天的崇拜是从"日"崇拜开始的,古时生产力低下,天掌握着自然现象与农业生产的收成,如拜日习俗,此外还有祈求风调雨顺,都是对天的崇拜。

2. 动物崇拜

原始社会,人类依赖动物生存,人们认为动物和自己一样有思想、有情感、有灵魂,在面对大自然的艰难生存条件与环境中,祈求动物来满足生活需求。动物崇拜,反映了早期人类的恐惧心理和神秘心理下对动物的理想寄托,也反映了早期人类与动物的密切关系。

3. 植物崇拜

在原始人的生活中,采集、狩猎都离不开植物,植物是早期人类生活的重要部分,在万物有灵的观念下,花草树木被赋予了某种神力与灵性。

在我国西南很多少数民族的创世史中,都有关于植物崇拜的神话传说。拉祜族支系苦聪人有祖先在山中遭遇风雪袭击,将死之际身后出现一棵大树遮蔽风雨带来温暖,得以存活,故此后族人会在每年正月的第一个属牛日择寨中一棵大树祭祀;苗族有古歌唱道:"吃树上果,穿树上皮,烧树上柴,用树上棒,伙伴哟,树是好友哥。"

原始自然图腾崇拜充分表现出古人善待自然、保护自然的生态观念。

(四)野生动物文化元素与精神象征

随着人类社会的不断发展,人类文化渗透到某种野生动物身上,这些动物就变成了人文动物,大体有以下三类。

(1)神话传说中的野生动物艺术形象。如《圣经》中的维利坦是一只强大的鳄鱼或鲸,《诗经》中的狐媚,《吴越春秋》中的猴精,《山海经》中的蛇魅,《精卫填海》中的鸟灵等。

（2）现代文艺作品中的野生动物艺术形象。如唐老鸭、米老鼠、孙悟空、猪八戒、狮子王、黑猫警长等。

（3）吉祥物。如北京"福娃"利用中国传统艺术表现方式进行创作,向世界各地传递友谊、和平、进取精神以及人与自然和谐相处的美好愿望。

二、生态文化的发展

（一）亲近自然

原始社会阶段,人与自然的关系是人敬畏自然、崇拜自然,并尝试与自然亲近,获得自然的庇佑。

早期人类社会,人口数量小、寿命短,生产力落后,要想在自然界获得生存和发展并非一件容易的事情,这一时期,人类被动地适应自然,出于对自然的惧怕而产生了图腾崇拜和自然崇拜等信仰。

在"万物有灵"的思想观念影响下,早期人类遵守自然规律,主动爱护自然、保护自然,不过度索取,在很大程度上促进了大自然的生态平衡。

在原始社会时期,人们已经开始对人与自然的关系进行思考,原始社会时期生态文化最初与图腾崇拜、自然崇拜交织在一起,这一时期人们朴素的生态平衡观念为以后的生态文化体系奠定了重要的内涵基础。原始社会的生态文化是朦胧的、朴素的生态文化,也是最为亲近自然的生态文化。

古人在人与自然和谐相处中,获得生活材料满足物质生活,也创造了丰富多彩、修身养性的精神文化。在我国,古人受传统哲学思想观念的影响,之后逐渐发展成为道、儒、释诸家各类思想,在这些思想影响下,我国古人提倡"天人合一",欣赏自然,尊重自然,从自然中获取物质生活基础和精神感悟,如人们所崇尚的"兰梅竹菊"四君子,正是古人从自然界得到精神慰藉的典型表现。

原始社会的生态文化是人与自然协同发展的文化。

(二)利用自然

随着人类生产力的不断发展,人类社会由原始社会进入农业生产为主的文明阶段,这是人类文明史的重要发展变化,人与自然的关系也发生了变化。

原始社会人们靠采摘、狩猎为生,人们所获得的生产生活资料都是从大自然中直接获取的,进入农耕文明发展阶段之后,人们学会了种植、耕作、养殖,生产力水平相较原始社会有了很大的提高,人们对自然的依赖比原始社会相比有所减少,但是,这一时期,人们对自然的认识和改造能力还比较低,仍在很大程度上依赖自然,通过对自然变化规律的认识来调整生产。

农业生产中的生态文化,人类同大自然保持着直接的接触,人们尊重自然规律、与自然和谐共处。这一时期,人们对自然的认识不断加深,人与自然之间的关系更加密切。

在我国,人们总结生产生活经验,所创造出来的丰富的农业物质文明和精神文明对以后中国几千年的文明发展具有重要影响,直到今天,早期人类所总结的"二十四节气"仍然是现代农民作参考的重要依据。

我国古代农业文明生态文化类型多样,它们都对我国传统文化产生了重要影响,同时也影响了人们的自然观、对人与自然的认识。

1. 平原农耕生态文化

平原地区最适宜农业耕作,平原农耕生态文化是中国农业生态文化的主要组成部分,具有很强的稳定性和同化力,是中国古代传统文化的基底。

2.草原畜牧文化

我国草原少数民族,以牲畜的饲养和放牧为生,逐水草而居,过流动性的半定居生活,形成特别的生态文化形态。

3.山林采猎生态文化

我国南方多山岭,受地理因素的影响,很多少数民族在大山中依靠采猎生存,山林动植物资源丰富,自给性强,少数民族可以与山林中的其他动物和谐共处,但在寒冬和遭遇地质灾害时,也需要与其他动物一样避难,对自然心存感激,也心存敬畏,很多少数民族都存在着深厚的自然崇拜和图腾崇拜思想。

4.渔业生态文化

中国内陆分布着许多江河湖泊,渔业生态文化就很盛行,这从我国出土的陶器上各种各样的鱼图、水纹、网纹、鱼纹中都能了解到当时人们渔猎的情景。依水而居的少数民族的创世祖先和神灵大多与水有关。

中国农耕文化中人与自然的相处观念是天人和谐的观念,人们的农耕生活仍在很大程度上依赖自然,要求人们要尊重、热爱和保护自然。

从人类生产发展的角度来看,农业文明阶段,人与自然在整体上保持和谐,但也存在一些地区的人们为了扩大生产而过度垦荒、砍伐的情况。总的来说,这一时期,人与自然的关系是人类在落后的经济水平上的生态平衡,简单来说就是,人与自然能够和谐相处,是因为人类生产力不足,对自然的破坏不够大产生的结果。

(三)改造自然

18世纪初,英、法等国率先完成工业革命,并迅速向世界各地传播,科学技术在这一时期获得了快速的发展,工业文明是人类文明史上的第二次飞跃。

工业文明的出现改变了人类和自然的关系,人类改造和利用自然的力量加大,人类生产生活范围扩大,寿命延长,人口数量增加,人类的发展对自然的影响越来越大。

工业革命之后,自然科学也获得了较快发展,人们对自然界各种现象的认知不断加深,人类不再惧怕自然,从敬畏和依赖自然转向改造自然、征服自然。

工业革命促进了人类生产的发展,这一时期,人们开始希望通过自身的努力向大自然更多地索取,人与自然的关系和之前相比开始变得紧张。

一方面,人类的大量生产需要更多的自然资源,尤其是工业化生产需要大量的不可再生资源和石化能源,为了获得这些自然资源,人们对自然的开发更多的是掠夺性的,严重破坏了自然生态平衡,导致很多动物被迫迁移、一些物种灭绝。

另一方面,工业生产过程中,大量的废弃物没有经过任何处理直接排放到大自然环境中,对大自然的生态平衡也造成了极大的危害,人类的生存环境也在不断恶化。

相较于古代原始社会和农业文明的生态文化对生态环境和社会发展的积极性,近代以人类为中心的生态观对社会发展和生态环境产生了消极的破坏。

20世纪70年代前后,人类开始意识到周围生存环境和之前几十年相比发生了很大的变化,人类开始对自己掠夺性开采自然的行为进行反思、尝试补救。

(四)人与自然和谐共生

21世纪,人类社会发展进入一个新的历史发展时期。人类与自然的关系开始得到缓解。

由于工业文明时期,人类社会的发展是爆炸性的,生产力水平不断提高,对自然的征服也使得人们自身的生活生存环境质量在不断下降,工业文明主张在改造自然的过程中大力发展生产,不断提高人类的生产力水平、物质与精神生活水平,使人与自然的关系陷入前所未有的困境。

现代社会,人们关注科技进步和生产力的提高,同时,也关注自然环境的改善,人们已经充分认识到保护自然的重要性,也因此生产技术的发展更多地趋向环保技术、绿色生产方面,积极探索人与自然和谐共生、共荣的发展道路。

总之,现代生态文明将致力于消除工业文明对自然稳定与和谐构成的威胁,逐步形成与生态相协调的发展方式、生产生活方式与消费方式。人类对自然和对自身的认识将更为科学,将更加自发自觉平等地对待自然,尊重生态规律,探索和构建人类与自然协调发展的社会系统。[①]

三、生态文化的繁荣

(一)生态文化的定位与认识

生态文化的产生和发展,建立在人类对自身生存发展关切的基础之上,价值目标和实践取向明确,生态文化是人类适应环境而创造的文化。

21世纪是倡导生态文明的世纪。当前,国际社会越来越强调生态环境保护性建设问题,我国的生态文化的研究刚刚起步,还在不断深化探索与研究,以寻找出一条具有中国特色的生态文化发展之路,也为促进世界生态文化发展做出贡献。

后工业时代,发达国家逐渐认识到工业革命时期加速经济发展与资本积累的过程中,以牺牲自然资源和生态环境为代价的高能耗、高污染、高排放,导致了生态危机,生态意识比生态问题产生具有滞后性,当前,发达国家以破坏环境为前提进行经济实力积累,发达国家必须为自己过去和未来承担起应有的责任。发展中国家要以此为鉴,在经济发展过程中重视环境保护,避免走"先

---

① 江泽慧.生态文明时代的主流文化——中国生态文化体系研究总论[M].北京:人民出版社,2013.

破坏、后治理、再恢复"的路子。

只有充分认识到生态文化对经济发展、社会发展的重要意义，对现存环境问题有更加全面和深刻的认识，不断进行反思与探索，才能构建一个健康的社会文化体系，走绿色增长和可持续发展的生态文明之路。

（二）时代呼唤生态文化的发展

当前社会，已经进入信息化、智能化、全球化发展阶段，从原始社会发展至今，人们对人与自然的关系的认识也更加深刻，新时期，绝对不能再走坚持以人类为中心的发展道路，要以辩证的发展观看待人与自然的关系。

中国生态文化协会会长江泽慧曾说，"生态文明"与"生态文化"就好像一棵大树，如果说生态文明是树干，那么生态文化就是树根和树冠，根深才能叶茂，树干才能长得又高又直。

党的十七大明确提出"建设生态文明，基本形成节约能源资源和保护生态环境的产业结构、增长方式、消费模式"。

作为中国梦的重要组成部分，"美丽中国"的生态文明建设目标在党的十八大第一次被写进了政治报告。

党的十九大报告提出了构成新时代坚持和发展中国特色社会主义基本方略的"十四条坚持"，其中，明确提出要"坚持人与自然和谐共生"。

生态文化是现代社会发展的一面旗帜，在社会经济发展的过程中，生态文化渗透到生产生活的各个领域。我们必须弘扬生态文化，广泛吸收各国家、民族长期发展历史中所积累的优秀生态文化思想和实践成果，结合中国的基本国情，来建设一条适合中国发展的生态文明发展道路。

在国际范围内，我们应探索当代生态文化发展趋向，弘扬本土生态文化，走出国门，求同存异，形成跨民族、跨国度、跨地域的生态文明准则与共识，共同推进生态文化的繁荣发展，共建人类美好生活家园。

第三节 国内外生态文化研究述评

一、欧美国家的生态文化研究领域

欧美等发达国家的工业革命生产过程中对生态环境造成的影响非常大,这些国家的学者也最早认识和面临着一些环境问题,因此,相较于发展中国家,发达国家对生态文化的研究开展较早,主要集中在以下几个方面。

(一)美学与生态学

18 世纪,美学成为一门学科,随后美学渗透进各种学科、产业发展构成中,环境美学(environmental aesthetics)和生态美学(ecological aesthetics)是美学发展的最新动态。

土耳其学者翟拉·艾兹恩认为,美学和生态学二者互相补充,互相依存。将生态看作是人的存在方式,人的生存生活中,方方面面都与自然世界密切相关,因此,在人的发展过程中,人对自然的追求也渗透着对美的追求。人所创造的生活环境是美的环境,也必然是良好的生态环境。

(二)生态美学或审美生态

德国学者里纳尔和普瑞格恩认为,自然—文化—对话发生在人类自身的创造性活动中。人类历史的轨迹就可以被理解为是这种对话的表达。

生态美学研究认为,人与自然的对话基于合作交流,在人与自然的交流过程中,自然不只是作为客体存在,也不能将人类看作是与自然交流中的主体,人与自然应该是平等的关系。

从人与自然的对话经验中不难看出,自然的发展已经为人的社会发展中对自然所做的一切给出了反馈,如果人类所做的违背自然规律,则就必然会产生环境问题。

生态美学是将人与自然在彼此对话的过程中拉近二者之间的关系,欧美国家在对自然美学的对象和任务的理解上,存在以下两种主要观点。

第一种观点——自然是非人工制造的客体的总和(山岩、云彩、动物、人本身等),生态美学研究这些客体的审美品质。

第二种观点——自然是外表与观察者有关的客体的总和(铁路、桥、路灯、市民生活等)。生态美学研究作为审美客体的环境的一般哲学的本体论问题,研究对自然的审美品质的审美判断。

（三）环境美学与环境审美

梅洛－庞蒂认为,环境美学可视为自然美学与生态美学的过渡形态,在环境中审美的生活便具有最高哲学意义,因为"世界是自然环境,我的一切想象和我的一切鲜明知觉的场。"①

威拉克提出环境审美观(environmental aesthetic),生态学要素是环境审美的最基础的要素,环境审美需要考虑伦理因素,通俗来讲就是,人类是大自然的一部分,但人又有自己的独立、自律意识,人类有可以改造自然的能力,但是同时,人类也应为自己对自然的行为负责任。

（四）风景审美与生态审美

高博斯特认为,生物具有多样性,生物的多样性、生态的可持续性与审美欣赏之间的相互融合就是生态审美。

在风景审美观点中,人欣赏风景的过程中,人与自然生态环境进行最直接的交流和接触,通过欣赏和感受大自然的美,可以刺激人类去主动保护自然。

现代社会,人们在大城市建造城市园林,在郊区建设公园、湿

---

① （法）莫里斯·梅洛－庞蒂著,姜志晖译.知觉现象学[M].北京:商务印书馆,2005.

地,都是通过人造风景来创造一个微观生态环境,这正表现了人对生态环境的价值认知。

二、亚洲国家和地区的生态文化研究领域

亚洲地区一些经济发展水平较高的国家,大都位于东亚地区,这些国家多山、依水,森林资源丰富,在生态文化方面的研究主要集中在森林文化研究上,具体分析如下。

(一)韩国森林文化研究

韩国地处东北亚,地形多山,森林覆盖率为 63%。韩国森林旅游事业十分发达,在政府推动的森林文化教育下,民众受到潜移默化的影响,具有较强的森林意识、环境意识和绿色意识。

1973 年到 1987 年,韩国政府连续实施两个"治山绿化"十年计划。

1985 年,韩国建成具有韩国传统风格的山林博物馆,建筑面积 4617 平方米,展示从远古到现代森林与人类发展的文明史,成为韩国特色生态旅游景点。

1988 年,韩国推行实施"山林资源化计划",重点提高森林质量和环境效益,改善林种和树种结构,增加民众森林休闲场所,提高林产品产量和质量,效果十分显著,成为世界上最早实现国土绿化的国家之一。

(二)日本森林文化研究

日本自 20 世纪 60 年代开展森林文化教育与研究,1978 年成立财团法人"森林文化协会"。

日本非常重视鼓励大众参加各种形式的知性活动,积极开展各项环境保护工作,防止国土荒废,维护和改善自然环境。

日本《森林文化研究》刊物,专门进行森林文化相关报道,报道日本本土和其他国家的"森林与人类"的交流实况。

三、我国的生态文化研究领域

相较于西方发达国家,我国生态文化相关研究起步较晚,对生态文化的研究主要有以下几方面。

(一)生态文化的概念研究

当前,我国学者关于生态文化理论研究不断增多,仁者见仁,智者见智,不同学者都从不同角度对生态文化的概念提出了自己的观点和文字描述。在本章第一节,已经详细介绍了我国一些学者关于生态文化概念的代表性观点,这里不再赘述。

(二)文化与生态文化的关系研究

我国学者普遍认为,生态文化是研究人与自然相互关系上的文化现象,大致包括四个方面,即精神、物质、制度、行为。研究的目的旨在构建人与自然共生共荣的关系。

文化包含生态文化,生态文化是文化的重要组成部分。

(三)生态文明理论研究

20 世纪 80 年代,随着我国改革开放的开展,西方关于生态文化的研究也传入我国,我国部分学者开始认识和研究生态文明理论,尤其是在党和政府对生态文明建设的关注和推动下,生态文明在这一时期成为我国学界关注的热点。

截至目前,我国学者基于不同学科背景,从不同角度对我国生态文明体系内容与发展提出了很多进步观点,简介如下。

(1)从人类社会发展阶段视角来定义生态文明。俞可平认为,生态文明是一种后工业文明,是一种新的文明形态,是人类迄今最高的文明形态。

(2)从生态文明的调节对象或构成要素来看,生态文明并非未来人类文明的全部,陈昌曙认为,"人类未来文明将是生态文明与工业文明的结合"。

（3）从生态学角度来看,生态学家叶谦吉认为:生态文明是"人类获利与还利于自然,改造与保护自然中的人与自然的和谐统一关系。"生态文明包括生态意识文明、生态制度文明、生态行为文明三方面内容。

（4）刘士文等认为,广义的生态文明是人类社会继原始社会、农业文明、工业文明后的新型文明形态;狭义的生态文明是指与物质文明、政治文明和精神文明相并列的一种文明。

第四章 全球生态治理的经验与教训

　　生态环境恶化已成为当前社会所面临的一个严峻的问题,因此,加强生态环境的治理势在必行。生态治理不仅仅是一个国家或地区的事情,仅靠一个国家是难以实现生态治理的目标的。因此,全球各个国家要相互合作,共同采取对策实现生态环境治理的目标。在全球生态治理的过程中,人们累积了一定的经验,同时也受到了一些教训,充分认识这些能为人类在今后更好地处理生态问题提供必要的帮助。

第一节 全球生态治理的提出

一、生态治理的含义

　　所谓的生态治理,指政府组织、非政府环境组织、企业组织和公民个人为了保护自然环境而自觉付出努力或进行集体合作,以解决环境污染问题并预防生态危机的发生,使得全社会拥有健康、美丽的生产、生活环境。[①]发展至今,在全球生态日益遭到破坏的情况下,世界各个国家和地区要达成共同进行生态环境保护与治理的共识,促进人与自然的和谐发展。

---

① 孔令雪.生态文明视域下我国生态治理路径的优化研究[D].南宁:广西师范学院,2018.

二、生态治理的提出

大自然中蕴藏着各种各样的资源,从原始文明到农业文明、工业文明再到如今的生态文明时代,大自然都是人类赖以生存与发展的重要环境,它向人类提供了重要的自然资源。在人类发展的历程中,人们对大自然的改造始终进行着,随着人类规模的持续壮大,自在自然被转化为人为自然的程度日益加深。

在工业文明时代,科学技术快速发展,机器生产取代了原来生产效率较低的手工劳动,社会生产力得到了迅速的发展和提高。在生产方面:为满足工业生产的需要,人类加强了煤炭、石油、森林等资源的开采,为促进社会生产,人们向周围环境排放了大量的工业废弃物,致使环境遭到污染。在消费方面:随着社会生产力的发展,人们的消费能力得到了加强。在这样的情况下,燃气、水、电等资源的消耗也日益增大;此外,各种生活垃圾的排放也大幅增加,人们的生活环境遭到极大的破坏。[①] 在环境伦理方面:随着人们对自然认知水平的不断提升,人们对自然的改造逐步加强,对资源环境的掠夺更加肆无忌惮。

总之,以上这种以牺牲自然环境为代价而换来经济的发展,必然会导致自然环境的恶化,最终受害的还是人类本身。19 世纪末,受大气污染的影响,伦敦曾被戏称为"雾都",后来政府意识到环境保护的重要性,开始了长时间的生态环境的改造,大气污染受到遏制,环境才逐渐变好。1962 年,美国逐渐认识到生态环境的危害性,陆续出台了一系列环境保护的措施,加强了生态治理,取得了良好的治理效果。

改革开放后,我国走上了经济迅速发展的道路,仅用几十年的时间就走过了西方国家两三百年的工业之路。但追求经济增长的同时在一定程度上忽略了环境保护,导致生态环境承受了其

---

① 孔令雪. 生态文明视域下我国生态治理路径的优化研究 [D]. 南宁:广西师范学院,2018.

不应承受的压力,出现了大量的空气、水、土壤等污染情况,严重威胁到人们的身心健康。在进入 21 世纪后,尤其是近些年来我国深刻认识到环境保护的重要性,陆续出台了一系列环境保护的文件和措施,取得了一定的生态治理的成果。这一做法需要继续保持下去,这样才有利于人类与自然的和谐发展。

第二节　全球生态治理的共识与分歧

一、全球生态治理的共识

(一)生态问题危害人类健康,造成生态危机

1. 生态问题严重威胁到人类的健康

长期的生态环境破坏导致整个地球生态系统功能失调,出现严重的生态危机。生态环境对人类的重要性不必多言,生态系统遭到破坏后,人类健康日益受到威胁。例如,目前已知的很多人类疾病都来源于动物;在发展中国家,80% 的疾病与水有关;我国有 25% 的地下水体遭到污染,人民群众的饮水受到影响,身体健康受到威胁。回顾人类发展的历史,生态问题给人类造成的危害是触目惊心的。1930 年 12 月,比利时"马斯河谷烟雾事件"造成 63 人死亡。从 1952 年开始,英国伦敦发生了数十次烟雾事件,累计最后造成 12000 多人死亡的惨剧。1956 年,日本出现"水俣病"。发生水俣病的患者最后会全身痉挛而死亡。截至 2006 年,先后有 2265 人被确诊患有水俣病,其中大部分人已经病故。由此可见,生态问题严重威胁到人类的健康。

2. 生态问题给自然环境造成了巨大伤害

自然环境是人类社会赖以存在与发展的基本条件,没有了自

然环境,人类就无法进行正常的生长、发育和繁衍,然而自从工业文明时代至今,人类对环境造成了极大的破坏,出现了各种生态问题,严重威胁到人类的健康。20世纪60年代初,美国生物学家蕾切尔·卡逊的著作《寂静的春天》从陆地、海洋到天空,全方位地描述了过量使用化学农药给生态环境造成的巨大伤害,世人看后为之震惊。在当今社会,每年仍然有大量的森林遭到盲目的砍伐,很多河流受到污染,森林的砍伐导致温室效应和水土流失,严重破坏了地球生态系统。在我国,生态问题也日益凸显。据粗略估算,目前我国大约有4万多种物种的生存受到威胁。大约有野生植物354种、野生动物258个种和种群被列为国家重点保护对象。为追求社会经济的发展,人类疯狂地开发自然界的矿藏、石油、天然气和水利资源,致使自然环境受到严重的破坏,人类的这些行为都大大超过了自然环境的承受能力,自然界不得不对人类施以"报复",如温室效应、沙尘暴、干旱等都是大自然对人类"报复"的手段。

3. 生态问题影响政治经济社会发展

尼古拉斯·斯特恩曾经指出,不断加剧的温室效应将会严重影响全球经济发展,致使全球出现经济大萧条的局面。大量的事实表明,他的这一判断是非常正确的。一系列自然环境问题严重威胁到人类生存的环境,对人类政治、经济、社会发展也产生不利的影响。

4. 生态问题危及子孙后代的生存和发展

大量的事实早已证实,生态问题严重影响到人类的健康发展,因此为了人类更好的发展,实现人类社会可持续发展的目标,必须要转变人类社会发展的模式,强调人与自然、社会的和谐发展。人类的发展离不开一定的生态资源,但生态资源的开发与利用不是漫无目的的,要从整体上考虑生态资源的开发对子孙后代的影响。以往人类对生态资源的开发已大大超过了生态环境的承受能力。这种没有限制的发展会在一定程度上减少生物的多样性,这种生态环境的恶化也会大大限制后代人的发展机遇,不利于人类社会的可持续发展。

(二)导致生态问题的主要原因在于人类的不良生产活动

大量的事实表明,之所以出现大量的生态问题,其中一个主要的原因就在于人类诸多的不良生产活动。因此,只有人类认真反思自己的生产和生活方式,走可持续发展道路,才能实现生态治理的目的。当今生态问题的产生原因主要在于人类对自然生态的破坏,是一系列人类不良行为导致的结果。因此,在未来人类社会发展的过程中,人类要正确认识生存与资源、发展与污染、进步与环境等生态问题并加以解决。

人类的生存和发展离不开自然环境,更离不开生态资源,人类在开发与利用自然资源的过程中,会在一定程度上造成生态资源的破坏,给自然生态系统造成一定的负面影响。首先,人类的生存发展史充满着挑战自然、征服自然的观念和意识,这种观念和意识必然会导致各种生态问题。工业文明时代对自然资源的掠夺和破坏,对大自然造成了严重的伤害。其次,长期以来人类粗放型的生产方式必然会导致一定的生态问题。在粗放式的生产方式主导下,人们都追求经济的增长,追求物质享受,而忽略了生态保护与经济增长之间的关系,致使各种生态资源遭到破坏。最后,人类把发展简单等同于物质增长,必然导致生态问题。在片面追求经济增长的过程中,人类赖以生存的自然环境受到严重的破坏,出现了资源和环境危机,这反过来又制约了社会经济的发展。

总之,随着全球生态危机的加重,人们已普遍认识到破坏生态环境给人类带来的不良影响,人们开始认真反思、总结经济发展的经验和教训,以往单纯地追求经济增长以及"先污染后治理"的方式已不再适应当今和未来发展的要求,改进人类生产和生活方式,走可持续发展道路,建立一个人与自然和谐发展的生态社会才是正确的选择。

（三）生态环境的治理需要全球各个国家的共同参与

全球生态系统是一个庞大而复杂的系统,全球生态问题的解决需要各个国家和地区的通力合作才能实现。当前,生态环境问题已经变成全球性问题了。绝非一个国家和地区就能实现生态治理的目标,而是需要全球范围内各个国家的合作。

1. 生态治理是全球各国的责任和义务,需要国际社会的共同努力

随着全球化进程的加快,全球生态问题日益凸显,在这样的形势下,需要全球各个国家的共同努力才能缓解生态危机。《联合国人类环境宣言》曾经指出,环境问题影响着各个国家的发展,只有国与国之间的广泛合作,共同行动才能实现环境治理的目标。总体来说,全球生态治理应是各个国家共同承担的责任和义务,世界各国应秉持团结合作的理念,以平等互助的伙伴关系采取共同行动,参与到全球环境治理中,实现全球生态治理的目标。

2. 世界各国应积极合作,共同采取行动

当前,全球出现了严重的生态危机,这就要求世界各国加强彼此间的合作进行整体控制,防止污染物转移。丹尼尔·科尔曼曾经指出,人类必须要以胸怀全球的思考方式对待生态治理,树立环保的严正性与完整性。改变公共政策和公民行为中屡见不鲜的支离破碎、见木不见林的思维方式,各个国家要积极合作,共同采取行动。生态问题属于全球性的问题,并不是一个国家或地区的事情,需要各国的共同合作才能解决问题。目前,全球各国已迈开了全球生态治理合作的步伐,世界各国互相之间主动通气、征求意见,遵守共同规定的法律秩序,实行互相监督,为了人类生活的共同家园展开密切的合作。

3. 生态治理应以人为本,注重人与自然的和谐发展

在全球生态治理的过程中,要坚持以人为本的基本理念,正确处理好人与自然之间的关系,真正做到以人为本,促进人与自然、经济、社会的和谐发展。在经济建设的过程中要十分注意生态环境的保护,使经济和社会状况的改善同保护生态环境的长期过程保持一致,实现经济发展与生态环境保护的良性循环。各个国家要展开密切的合作,把可持续发展战略纳入国民经济和社会发展的长远规划。总之,就是要始终贯彻以人为本的发展理念,促进经济社会与生态环境和谐发展,生态治理要与其他社会事业统筹进行,实现共同发展。

(四)生态治理需要采取综合措施

全球生态治理呈现出两个方面的特点:一方面,生态问题涉及人类生活的各个方面,随着全球一体化的发展,生态治理开始出现全球合作的背景。另一方面,生态问题是全球各个国家和地区共同面临的问题,需要加强彼此之间的合作,共同采取综合措施加以解决。大量的实践证明,只要全球各个国家认识到生态治理的重要性,不断改进生态治理的方法,加强彼此的合作,是能实现人与自然、经济发展与保护生态的和谐共生与发展的。为了实现生态治理的目标,我们要采取综合措施,实施更具弹性的生态治理政策手段。

第一,坚持预防原则。以往先污染后治理的方式已给人类社会的发展带来严重的危害,因此在未来的生态治理中,要摒弃这种观念,要做好生态的预防,尽早采取环境保护、生态治理方面的行动,事先采取防范措施,将不可避免的污染控制在一定限度之内。

第二,坚持立法手段。法律手段始终是生态治理的重要工具,因此,加强环境立法、生态立法是非常重要的,它是实现全球生态治理目标的重要保障。

第三,坚持市场手段。为实现全球生态治理的目标,要积极探索新手段,如充分利用税收、政府补贴等市场手段进行生态治理。

第四,坚持使用技术支持手段。现代科技大大改变着人类社会的发展,因此,可以利用先进的科学技术手段开展生态治理工作。如利用先进的环保技术,改革生产工艺和流程,合理使用原材料和能源,将环境污染程度降到最低。当然,生态治理要采取综合措施,要妥善处理生态环境保护和经济发展之间的关系,强调经济社会发展必须优先考虑生态问题,从重视生态问题入手,突出可持续发展。

二、全球生态治理的分歧

(一)在生态治理影响范围上的分歧

发展到现在,人类社会面临着严重的生态破坏问题,全球生态治理迫在眉睫,然而世界上各个国家、各个集团都有自己的利益,各利益团体存在着诸多分歧。在生态治理的影响范围上,一些国家认为生态问题应该由各个国家自己解决,一些国家认为生态问题需要各国合作,共同完成生态治理。当今世界是由不同政治体制的国家构成的,不同的民族、国家构成了国际社会的具体基本单元,人类社会被划分为各个独立的充满对立的国家体系。各个国家在发展过程中,形成了自己的利益与价值体系,这些利益和价值体系成为该国的最高目标,在为国家利益竞争的时候,各国之间的斗争也非常尖锐。在这样一种世界政治环境下,各国对于生态治理的理念也完全不同,生态治理矛盾也凸显出来。各个国家在追求自我利益最大化的过程中总是试图搭便车,而生态治理存在着巨大的负外部性,这使得各个国家在参与生态治理中承担义务的积极性大大降低,也造成一些国家把生态治理仅仅看作自己内部事务的趋势。比如地球上的空气是公共物品,每个国家都有呼吸空气的权利,但各个国家也都不断地向大气层排放着污染物,最终酿成了空气污染、臭氧层被破坏、全球变暖等问题。生态治理的问题,如果仅从地域上讲,确实是各个国家或地区自己的事情;但是与以往不同的是,在全球化的今天,生态问题和生态危机不再是一个国家或地区的危机,而是全球性危机。当今世界出现的大气污染、海洋污染等并非仅仅一个国家就能解决,需要全球各个国家的通力合作。

因此,在全球生态治理的过程中,世界各国要加强彼此间的合作,共同应对日益严重的生态危机。如果全球各国仍然特立独行,仍然以国家和地域来互相分割,那么生态危机就难以得到有效的解决,长此以往,整个人类社会的生存与发展将受到生态危机的严重威胁。

(二)在生态治理手段上的分歧

在全球一体化发展的今天,生态治理问题已成为世界各国共同面临的一个问题。由于生态治理的花费巨大,需要世界各个国家及政府大力支持才能实现相关的目标。当前,政府主导的生态治理与控制是生态危机治理的主流模式,从目前生态治理取得的效果看,这种模式对生态环境的治理起到了一定作用。生态控制是指以企业为主要控制对象,相关政府机构(更多是环境管理部门)采取指令的方式向污染排放或制造的企业提供污染指标或"排污许可证",间接或直接地对污染排放以及制造企业进行限制的一种行政法律手段。受"人类中心论主义"的影响,此种生态管制政策在欧洲、亚洲或其他地区都是相当常见的,因其具有较强的执行力,深受各国的赏识与青睐。但是,由于知识的局限性、认识能力不足等原因,该模式导致了当前生态治理既没能有效控制污染物的排放量,又没能调动污染排放者的治理积极性,这种单纯的控制和禁止模式已经逐渐失去市场,慢慢让位于生态治理的综合手段。随着生态危机已全面走向社会化、政治化,生态问题不仅仅是专业科学技术人员关心的问题,普通民众也开始积极参与到生态治理当中,生态问题渐渐演变成全社会共同关注的大问题,不管是哪个国家和地区,也不论是哪个种族和阶层,不同地位和职位的人都与生态问题息息相关。

需要注意的是,生态问题中蕴含着多种矛盾,单单只依靠一个国家、一种力量、一种技术手段难以解决。因此,生态问题的治理必须上升到政治层面,需要在政治领域的高度加以调和,需要各个国家通过其根本法律制度、国家规划和科学决策来综合治理,同时需要各国政府出面解决问题,需要国与国、政府与政府之间的合作加以解决。因此,全球生态危机的缓解,生态环境的保护需要制定相关的政策,这样才能保证生态治理工作的顺利进行。

(三)在生态治理政策实施上的分歧

关于生态治理政策方面,世界各个国家都存在着一定的分歧。支持生态治理应以污染治理为主的国家认为,生态治理应该注重治理的客观自然属性,改变治理过程中生态要素的物理、化学或生物学的变化,紧要问题是对生态问题的应急性解决,不需要将生态与发展一起综合考虑,也不需要追问生态背后的深层次问题,具体治理方案就是"兵来将挡,水来土掩"。这种治理观主要出现在生态治理初期,其对生态问题认识比较粗浅,就生态而论生态,就污染而谈污染,只能提出一些头疼医头、脚疼医脚的治理方案,这种治理方式往往难以取得理想的效果。

随着人们认识水平的不断提升,人们逐渐发现生态问题不是一个孤立的问题,而是一个综合性、全球性的社会问题。生态危机不仅是由经济发展的不适当造成的,而且与其背后的社会体制、生活方式以及价值观念有密切关联。1972年,联合国人类环境会议召开,大会确立了全球共同治理生态环境问题的议题。在这之后,尽管各国都努力地投入到生态问题的治理中,采取了很多防止污染和保护生态的措施,但人们还是吃惊地发现,世界生态破坏和环境污染的程度有增无减,并且范围在不断扩大,又出现了一些以前没有的生态问题,例如酸雨的出现、臭氧层的破坏、气候变暖等全球环境问题。这一危急形势迫使人们开始反思"末端治理"的弊端,逐步意识到"就污染谈污染、就生态论生态"的战略思维及其技术路线无法从根本上解决环境问题。因此,支持生态问题需主动预防的国家提出,必须从工业生产的源头和全过程寻求生态治理的办法,在经济社会发展的大局中预防生态问题的出现。人们开始追求一种事先预防的治理,这种治理可以称为一种未雨绸缪的治理,其首先侧重于对导致环境问题产生的人类的认识和行为的源头进行治理,加强人类对生态危机的认识,焦点在于改进人们对环境的认知、保证参与环境决策的权利、提供维护环境权益的制度保障和提升执行环境决策的绩效等方面。因而,解决生态问题,还要从深层次的原因上予以反省,这就恰恰意味着生态治理不能忽视主动预防以及治理路径的多样性与综合性。

(四)在生态治理涉及内容上的分歧

有一些国家认为,现代科学技术的发展使人类创造了前所未有的成就,但同时也带来了严重的环境污染和生态破坏,这不仅威胁到人类的生存环境,同时也阻碍了人类社会的发展进程。现代化工业给人类所带来的污染有废水、废气和废渣等"三废",这"三废"成为生态危机的根源。废气主要是煤炭燃烧排放出来的烟尘、碳氢化合物和二氧化硫等有害气体。这种气体不仅严重地危害人类的健康,而且还能同大气中的雨雪结合,成为"酸雨",使耕地和平原的土壤变质,使江河湖水发生酸化,使森林和农作物出现枯萎和死亡,进而危害人类身体健康。废水主要是工业废水,一些工厂把未处理的废水直接排进江河湖海,污染了水质,这些工业废水所包含的酚、氰、镉、砷、汞等有害物质沉积于地下,地下水受到严重污染。未经处理的废渣是污染农田、河流、地下水的祸根。"三废"对于生态的危害说明,生态治理应该以工业环境保护为主。而对全面生态环境保护的支持者则认为,人类的生存、社会的进步都离不开物质生产,物质生产的核心是要解决人和自然的关系,可以说进行物质生活资料的生产是人类社会文明生存与发展的基础;生态环境问题古已有之,一直就持续地存在,并不只是人类进入工业时代以后才出现的。同样,生态环境问题产生的原因也不只是工业造成的,它的产生主要有两个因素:一个是自然本身变化的因素,另一个是人类活动的因素。从古代社会到现代社会,随着人口数量的不断剧增,自然界受到人为影响的因素日益增多。人类为了自身的生存,必然要以各种方式改造自然,这就形成了人与自然的关系问题。在人类改造自然的过程中,人类处于不断摸索前进的状态,难免存在盲目改造自然的情况,大自然的修复能力又是有限的,所以生态环境问题必然产生。

为追求社会经济的发展,以往人们在很大程度上忽视了生态环境的保护,这是导致生态危机的重要原因。除此之外,生态危机的产生也不仅是人的单方面因素造成的,同时也有着深刻的政治、经济、文化根源,生态污染不仅仅只有工业污染,同时还有其他很多生态问题,如全球气候变暖、臭氧层损耗、酸雨污染、水资源短缺、森林资源减少等。因此,生态问题的存在空间和影响后果都具有多种维度,必须要采取多种手段与方法加以治理。

(五)在生态治理责任承担上的分歧

在全球一体化发展的今天,生态治理问题不单单是一个国家和地区的问题,而是全球性的问题,是全球各国共同面对的大事件,需要全球各个国家通力合作才能实现生态治理的目标。因此,全球发达国家和发展中国家要积极开展合作,共同维护全球生态平衡。目前主要发达国家和发展中国家已达成统一共识,那就是生态问题确实在全世界范围内发生,造成生态危机的主要原因在于由工业、农业等人为活动的破坏。以往关于这方面,发达国家与发展中国家还存在着一定的分歧,随着时代的发展,全球大多数国家及政府已充分认识到生态问题的存在,能够达成正视生态问题的基本共识,这是一大进步。

但需要注意的是,虽然全球各个国家基本达成了生态问题的共识,但是全球各国的实际行动却存在着较大的差别。由于全球体系的多样性,发达国家有其自身发展目标,而发展中国家也同样如此,这就导致二者在对待生态问题上产生了不同的行动,导致存在较大的分歧。在诸多分歧中,发达国家与发展中国家应承担多少生态治理责任是一个最为重要的问题。发达国家认为当今的生态问题责任不能全部由发达国家承担,而是需要各个国家(不论是发达国家还是发展中国家)互相合作、共同承担。而发展中国家则认为,发展经济是第一要务。全球生态危机的出现更多的是发达国家过度发展经济、过度透支生态环境所造成的后果,因此发达国家需要承担更多的生态治理的责任。这一分歧在当今全球生态治理过程中是普遍存在的。

第三节　全球生态治理的经验与教训

生态治理不仅仅是一个国家和地区的事情,是全球各个国家都要面对和解决的。全球各个国家和地区在生态治理的过程中积累了一定的经验,同时也得到了一些教训,认识这些经验和教训,有助于我们今后更好地开展生态治理工作。

一、全球生态治理的经验

(一)全球生态治理的相关作为

1. 加强国际交流与合作

生态问题不仅仅发生在几个国家或地区,而是全球各个国家都要面对的问题,它具有全球性的特点。因此在生态危机问题的解决上需要全世界的协同努力。生态危机全球化把生态危机的全球治理提上议程并日益制度化。一方面,联合国积极推进全球环境的治理。全球生态治理的理论与实践超越了国家和个人层面。另一方面,国际合作日益频繁,逐渐形成了一个国际环境保护的机制。这对于全球生态治理和环境保护具有重要的意义。

近些年来,出现了一些非政府的环境保护行动,同时各种非政府组织也大量涌现出来,由此可见人们都深刻认识到环境保护的重要性以及生态治理的重要性。通过多年来的发展,绝大部分的非政府环境组织都取得了显著的成绩。出现这一情况的原因在于,一方面,生态问题是全球所面临的问题,受到生态危机全球化的压力;另一方面,全球化背景下,各个国家或地区、个人等之间的联系日益密切。这为大量的非政府环境组织的密切合作提供了重要的基础,他们逐渐组织起了一系列强有力的国际性网络。

经过一段时间的发展,国际社会纷纷签署并生效了一系列有关生态治理的条约,如《联合国气候变化框架公约》《京都议定书》《巴厘岛路线图》《哥本哈根协议》等,这些协议的制定与实施对于全球生态治理起到了非常重要的作用。

2. 积极推动低碳经济

低碳经济是指通过提高能源利用率、开发清洁能源来实现以低能耗、低污染、低排放为基础的经济发展模式,这一模式是一种比循环经济要求更高、对资源环境更为有利的经济发展模式,是现代社会所倡导的促进生态平衡的一个重要举措,这一举措能加速推动人类由现代工业文明向生态文明的重大转变。

发展到现在,低碳经济已成为世界各国的重要战略选择。低碳经济成为新的经济增长动力,成为世界经济发展的新的突破口。英国 2003 年确定实施"低碳经济"战略,2008 年又正式通过了《气候变化法案》。日本于 2007 年制定了《低碳社会行动计划》和《21 世纪环境立国战略》等。美国也于 2007 年提出了《低碳经济法案》,积极推出了绿色经济战略和新能源战略,这些都对于生态治理起到了重要的作用。

低碳经济战略率先在发达国家实施,通过一段时间的发展,事实证明取得了一定的成效。低碳经济强调在经济发展过程中实现节能减排的任务,承认发展中国家的发展权益,同时为发达国家和发展中国家寻求合作提供了重要的途径。

低碳经济在一定程度上改变了传统的产业结构,同时还会改变人类传统的生活方式,这为世界经济发展的方向提供了重要的选择。随着大量清洁技术、产业的诞生,金融资本对清洁产业的信贷支持将增加,出现清洁产业金融;为在更大范围内降低减排的成本,越来越多的国家和地区实行碳交易制度,即碳金融;随着气候变化所导致的极端天气事件发生频率的提高,保险损失将增加,碳保险面临压力;由于碳泄漏问题的存在,碳关税很难降低全球二氧化碳的排放量,但当前欧盟征收边境调节税进程的加速将对国际贸易带来严重影响,甚至全球国际贸易将发生转向。

当前世界上各个国家和地区都在为生态危机的处理做着积极的努力,虽然近年来取得了一定的成效,但整体而言生态危机仍然没有解除,仍旧需要我们今后不断努力。

3. 树立正确的生态观,提高人民生态意识

随着生态危机的爆发,人们逐渐认识到自己并不是自然的主宰,而仅仅是大自然生态系统的一部分。人与自然不是主从关系,而是互相促进、休戚与共的关系。人类要想进一步消除生态危机,实现环境保护的目标,就必须要转变旧有的思想观念,抛弃人类中心主义价值观,树立新的生态文明观,恰当地处理人与自然之间的关系。在改造自然的过程中必须要遵从自然发展的客观规律,所做的一切行为要事先考虑是否影响生态系统的平衡,否则,大自然就会对人类实施相应的报复。总之,人类及社会发展的过程中,不能单纯地以经济为中心,还要注意环境保护,尊重和保护大自然不被破坏,实现人与自然的和谐发展。

在处理生态危机问题的过程中,所有的人民群众都要参与其中,帮助公众建立良好的生态保护意识,做好生态问题的预防与治理。要想做到这一点,需要在日常生活中加强人们的生态教育。通过生态教育能普及丰富的生态保护知识,使公众充分认识到生

态系统平衡对人类发展的意义。[①] 通过生态教育使人们建立热爱大自然,与自然和谐相处的伦理学思想,帮助人们建立生态保护的良好道德行为准则。

通过生态教育和宣传,能帮助人们建立一个新型的价值观。这一新型价值观的内容主要包括以下几个方面:第一,人类不是自然的主宰,而是自然的一部分,人类的发展是建立在自然发展的基础之上的;第二,经济是生态系统的子系统,不能为了经济的发展而忽略了生态系统的保护;第三,要维护好地球生态与资源之间的关系;第四,增长不等于发展,要坚持人与自然的和谐发展。以上这些科学的生态价值观及理念,如今已成为全球各个国家或地区人民的共识,人民群众的生态环境保护意识大大提高。

4. 充分利用现代科学技术治理环境污染

发展到现在,科学技术得到了迅速的发展,但是科学技术的发展有利也有弊,但总体上是利大于弊。因此在生态治理的过程中我们可以充分利用现代科学技术的成果来治理环境污染。要以生态意识对科技发展进行重新评价,要充分利用科技为生态治理提供必要的技术支持。在进行生态治理的过程中,要把有助于生态和人类可持续发展的科技作为研究与应用的主导方向,充分发挥科学技术的作用。如利用垃圾发电,从而变废为宝,提高能源的利用率;依靠高科技创造出新的替代材料,缓解能源危机;依靠高科技手段治理污染的环境;等。[②] 总之,大量的实践与事实充分表明,科学技术对于人类治理环境污染发挥着至关重要的作用。

---

① 王宝亮.生态危机的全球治理问题研究[D].北京:中共中央党校,2017.
② 王宝亮.生态危机的全球治理问题研究[D].北京:中共中央党校,2017.

（二）我国生态治理的相关经验

1. 尊崇自然、绿色发展的生态观

"尊崇自然、绿色发展"是我国多年来生态治理所得出的一个重要经验。国家主席习近平强调"我们要解决好工业文明带来的矛盾,以人与自然和谐相处为目标","牢固树立尊重自然、顺应自然、保护自然的意识,坚持走绿色、低碳、循环、可持续发展之路"。

首先,在生态保护发展中,我们要树立尊重自然、顺应自然、保护自然的意识。人类要想获得可持续发展就要保护好赖以生存的地球。保护地球也不仅仅是一个国家的事情,而是需要各个国家和地区的相互协作与配合。世界各国要树立"尊重自然、顺应自然、保护自然"的意识,推动人与自然的共同发展。只有建立和形成这种意识,人类才有可能实现人与自然的和谐共处,才有可能拥有未来发展的空间。[①]

其次,走绿色发展道路。绿色发展理念是我国近些年来提出的自然与社会和谐发展的理念,早在 2008 年北京奥运会举办时我国就提出了绿色奥运的理念,这一理念是人与自然和谐发展的重要呈现。这一理念能为社会经济发展与生态环境保护间的对立提供重要的解决思路,是人与自然和谐发展,生态治理的一项重要举措。

当前,很多发展中国家成为推动世界经济发展的重要力量,但是这些国家的发展模式大都比较落后,出现了大量的资源浪费和破坏生态环境的情况,这不利于整个自然的生态保护。因此,在未来的发展过程中,要不断转变生产方式,调整生产结构,正确处理好产业发展与生态保护之间的关系。绿色发展理念就提供了这样一种思路。当前,中国正积极推动绿色"一带一路"建设,希望能将自己的经验带给其他国家,大量的实践表明,这一绿色

---

① 曾雪瑾. 习近平全球治理观研究 [D].芜湖:安徽工程大学,2019.

发展的理念已得到了众多国家与机构的认可,在全球生态治理中扮演着十分重要的角色。

总之,在当今生态治理中,我们要坚持绿色发展的基本理念,尊重自然、顺应自然、保护自然,将人与自然看作是一个命运共同体,共同求生存,谋发展,为全球生态治理,促进人类社会与自然的和谐发展贡献应有的力量。

2. 倡导构建全球生态治理的国际协同治理机制

发展到现在,世界各个国家和地区都认识到了生态保护的重要性,提出了相关的生态治理的理念,这些理念的确立为生态治理提供了重要的指导。在这些理念的指导下,人们能有的放矢地进行环境治理。然而,在具体的实践中,这些理念大都没有得到很好的贯彻与实施。我国历来都非常强调在全球生态治理中承担的责任与义务,履行节能减排的承诺。希望通过自己的努力,号召世界各国共同应对全球生态治理问题,主张世界各国共同构建一个生态环境的协同治理体制,从而实现全球生态治理的目标。

在全球生态治理的过程中,要构建一个国际协同治理体制,首先就要明确世界各国在全球生态治理中扮演的角色,明确所承担的任务与责任。发达国家与发展中国家在全球生态治理中承担的责任不同,治理能力也存在一定的差异。但不论怎样,任何国家都有生态环境治理的义务。当前,发展中国家是全球生态污染的主要责任方,理应在气体排放、环境破坏等问题上承担主要责任,但发达国家也要负起自己的历史性责任。只有各个国家相互合作,共同治理才能实现全球生态环境保护与发展的目标。

3. 构建国家协同治理机制

在全球生态治理的过程中,需要建立一个全球生态治理新机制,在这一机制下实现生态治理与环境保护的目标。虽然,当前全球生态治理机制还存在一些问题,但其在全球生态治理主体缺位的现实状况下仍发挥着重要作用。[①]当前我国积极开展生态治理活动,积极履行相关责任,承担相应义务。我国一直遵守《联合国气候框架公约》为核心的气候治理机制和《京都议定书》的减排机制。但这种以大国协调为特征的合作机制,其本身即不被发达国家所认可,也不保障发展中国家的发展诉求。因此,寻求一个切实可行的全球气候治理方案,构建全球国家协同治理机制就显得尤为重要。

2015 年 12 月,《巴黎协定》的签署奠定了世界各国关于气候变化开展务实行动的基础。中国也积极加入其中,承担了相应的责任与义务。国家主席习近平还出席联合国气候变化大会并发表重要讲话,强调了构建合作共赢生态治理机制的重要性,并作出了大力推进生态文明建设的承诺。中国作为一个世界上最大的发展中国家,愿意为全球生态治理贡献自己的力量,愿意为推动全球生态治理体制变革提供重要的帮助。

总之,在新的时代背景下,我国希望能用崭新的生态理念来协调世界各国,促进全球各个国家在生态治理方面达成积极的共识。同时还积极倡导构建一个新的生态治理协作机制,在这一机制的作用下实现人类社会与自然的和谐共存与发展。

二、全球生态治理的教训

随着时代的不断发展,全球经济得到了迅速的发展,人类以前所未有的速度进入现代文明。但是在现代文明不断进步的同时,也带来了诸多的环境问题,自然生态遭到工业文明很大程度的破坏,环境问题越来越严重。在这样的背景和形势下,全球各个国家及地区加强了生态治理,取得了一些成绩,累积了不少的经验,但同时也遭受了惨痛的教训。

---

① 曾雪瑾.习近平全球治理观研究[D].芜湖:安徽工程大学,2019.

（一）生态治理方式较为单一

在很长的一段时间里，人们为了追求经济的增长而忽略了环境保护，环境负荷超过大自然的承受能力之后，生态环境就会遭到极大的破坏。在现代社会背景下，传统的保护方式已难以适应生态环境的发展，难以承担环境保护的重任，急需找到多样化的、高效的治理方式和途径。

在生态治理的早期阶段，基本的生态治理方式是单纯的命令，但是缺乏执行的力度。美国是最早进入工业化的国家之一，在工业化最初阶段，美国的环境污染问题非常突出。在曾经震惊世界的八大公害事件中，美国空气污染就占了两件。在这样的形势下，美国开始重视环境污染的治理，加强了空气污染防治立法，但是最初的立法主要以地方为主，难以从根本上解决整个国家的环境污染问题。最初美国政府大多采取的是"命令与控制"的管制方法。在这种控制方法之下，联邦环保局制定国家环境质量标准，严格控制新建污染源，各州都必须要严格遵守这一标准。通过政府严格的指令在一定程度上缓解了环境污染的问题。但这一方法存在着一个显著的弊端，那就是执行成本过高，这对于正处于上升期的国家尤其是发展中国家而言，经济上难以承受。对于美国而言，由于控制目标设定过高，各州及地方政府的反对声音不断，执行不力，以致国会不得不几度修法，延长制度最终执行的期限。

在日本，20世纪70年代，随着日本环境保护法律的制定和完善，日本的严重公害问题得到控制，环境保护力度不断加强，环境问题得到了极大的改善。那一时期，日本汽车的普及导致汽车尾气大量排放，含磷洗衣粉的使用以及污水处理不够科学，导致赤潮的发生，人们的生活环境进一步恶化。在这样的形势下，日本政府开始大力推进节能工程，为节能减排投入了巨资，先后累计投入了700多亿日元的研发经费，经过多年的努力，日本的环境污染治理效果非常显著，这也为全球其他国家的生态环境治理提供了良好的借鉴。

（二）缺少与生态治理相关的法律政策

要想解决生态环境问题，没有一个良好的法律制度做保障是难以实现的。在全球生态治理的教训中，缺乏完善的生态保护法律体系成为人类环境保护的重要教训之一。20世纪70年代之前，全球各国开始重视生态环境问题，并制定了相关的法律制度，生态环境破坏受到一定的遏制。但在之后世界性经济萧条过程中，为促进经济的恢复与发展，世界各国又开始忽略了环境保护，各种环境保护法律制度受到摒弃，致使环境问题又凸显出来。在日本，受经济发展的影响，以前的强化环境控制政策开始发生动摇。例如，因反对公害运动而中止的濑户大桥和高速公路决定继续开工建设，甚至连成为其建设障碍的二氧化氮环境标准也大幅度放宽。1988年，日本对公害健康受害补偿制度进行了全面修正，同年3月之后，大气污染制定区被取消，新制定的大气污染受害患者认定办法被终止。在这样的情况下，日本的大气污染状况越来越恶化。受此影响，居民反对公害的运动空前高涨，发展至最后演变为"一场全国性的反对公害运动"。在巨大的压力之下，日本政府终于颁布了日本环境保护历史上的第一部环境保护法——《大气污染防治法》，其后又陆续颁布了多部有关环境保护的法律，有效地遏制了环境污染。此外，现有的环境保护法律对违法者的处罚不严厉导致一些违法者很难严格遵守法律。如2004年，我国沱江发生特大水污染事件，造成直接经济损失约为2.6亿元。然而根据当时的法律，对违法者的最高处罚仅仅只有100万元，这难以对违法者产生有效的警示作用。在"守法成本高、执法成本高、违法成本低"的情况下，大量的环境污染事件仍然存在着，因此需要今后政府部门制定一些更为严苛的法律制度。

（三）国际交流与合作较少

在当今全球一体化发展的背景下，生态治理不仅仅是一个国家的事情,需要各个国家和地区的相互配合才能实现预期的目标。因此,在未来的生态保护过程中,要积极推动各个国家和地区的合作与交流,共同完成生态环境治理的任务与目标。

发展到现在,生态问题已成为一个社会性、全球性的问题,仅仅依靠一个国家是难以解决的。人们赖以生存的生态环境一旦遭到破坏,影响的不仅仅是一个国家和地区,而往往会产生"跨国界"效应,其他国家和地区都有可能带来深重的灾难。因此,在生态治理的过程中,我们应树立一种整体意识和大局意识,超越自身利益层面,各个国家或地区相互合作共同处理全球环境问题,这样才能取得生态治理的良好效果。目前来看,全球各个国家、地区之间在这一方面做得并不好,相互之间没有良好的沟通,大多都是各自为战,治理的效果也不明显。

大量的实践和事实证明,一国以牺牲环境为代价所获得的经济收益与环境成本相比,往往并不成比例,甚至会呈现出一种比例上的倒挂。即使国家暂时地通过以牺牲自身、他国,甚至全球的环境为代价而获得了暂时的收益,相对于日后治理环境的巨大投入来看,也是得不偿失的。只有各个国家和地区相互沟通与合作,共同商谈环境治理的方法,才能实现生态保护的目标。

(四)没有处理好生态治理与经济发展之间的关系

生态保护与经济发展之间始终是一对矛盾,生态保护优先还是经济发展优先在很长一段时间里成为一个重要的研究课题。如何处理好二者之间的关系将决定着一个国家或地区的生态文明建设及经济的长远发展。大量的实践与事实充分表明,生态环境保护离不开社会经济的发展,而社会经济的发展也同样以环境保护为基础,缺少了任何一方面彼此都不能得到良好的发展。

人们受历史及知识局限性的影响,很长一段时间以来并没有真正处理好经济、社会与生态之间的关系,无论是在经济发展还是在环境保护方面都缺乏长远的眼光,缺乏可持续发展的思想,一味地发展经济而导致环境问题越来越严重。例如,农业生产中农药及化肥过量使用、工业生产中废水废气废渣的排放、城市化进程中生活污水废弃物的处理等,都对自然生态环境造成了很大影响,不仅危害了民众的正常生活和身体健康,还制约了经济社会的可持续发展。

随着现代社会经济的快速发展,生态环境危机现象日益严重。究其原因主要在于人们没有很好地处理经济发展与生态保护之间的关系,一味地追求经济的增长而忽略了环境保护,没有协调好长期利益与短期利益、全局利益与局部利益之间的关系。自然界中的生态资源并不是取之不尽、用之不竭的,总有一天会消耗殆尽,但人们没有深刻认识到这一点,只顾开发利用而不管后续保护,这给生态环境带来了严重的破坏。大量的实践充分表明,单纯追求经济增长速度,以牺牲生态环境为代价换取暂时经济利益的做法是错误的,要想实现人类社会的可持续发展,必须要处理好人与自然环境之间、经济发展与生态环境之间的关系。经济发展离不开良好的生态环境,生态环境是经济发展和进步的重要基础,在恶劣的生态环境下,经济发展会受到严重的阻碍。

自产业革命以来,由于人类一味地追求经济的发展导致自然资源被过度破坏,从而引发了严重的世界性生态危机,给人类社会的发展带来了严重的危害。巴西热带雨林拥有丰富的雨水和阳光,湿度全年都保持很高,没有明显的季节性变化。在这样的条件下,热带雨林呈现出丰富的生物多样性。亚马逊热带雨林也拥有丰富的生物资源,各种生物种类多达数百万种,尽管如此,热带雨林一直都是脆弱的。这些数量庞大的生物只存在于一个非常狭窄的区域。如果整个雨林的生态环境遭到破坏,整个物种的生命就会受到严重的威胁。1964 年军事政变以后,巴西政府为追求社会经济的发展,大力开发热带雨林资源,对热带雨林造成了极大的破坏。为了给政府项目提供电力,政府开始建造大坝实现水力发电。开发商仓促地让土地被淹没,随后的水土流失导致淤泥积聚在水库并流进小溪,致使水坝建成后不久就难以使用。20 世纪中期,巴西政府开始大规模开采黄金和铁矿石,采金过程中使用汞处理矿石,结果附近河流中的鱼类受到污染,大自然生态环境受到严重破坏,这对于社会经济的发展造成不利的影响。

（五）存在着大量的先污染后治理的情况

在工业文明时代,一味地追求经济的发展,导致出现了一些严重的生态环境问题,如能源短缺、环境污染等大量的事件不断出现,在这样的形势下,人们才开始寻求环境治理的方法。这种优先发展经济,先污染后治理的方式是非常不可取的。这已经被大量的事实证明是不对的。有研究发现,环境污染与经济发展之间存在一种倒型曲线关系,如随着社会经济的发展,在某一个阶段内环境污染会不断加剧,但是达到一定的污染拐点后,环境才会慢慢好转。多数研究者认为,在经济起飞阶段,第二产业比例较高,工业化和城市化会带来严重的生态环境问题;当主要经济活动从高能耗、高污染的工业转向低污染、高产出的服务业、信息业时,生产对环境资源的压力降低;环境破坏和经济发展由此呈现出倒 U 型的曲线关系。在社会经济发展到一定程度时,环境质量才会出现一些好转。但不论怎样,大量的实践早已证明,"先污染后治理"的这一经济发展模式是不可取的。

但需要注意的是,当前有很多国家,尤其是发展中国家仍旧在走"先污染后治理"的老路,他们认为,经济发展要优先,生态资源就是为经济发展服务的,等经济发展了,在进行环境治理并不晚。但相关的事实早已表明,环境污染、生态破坏容易,而要治理和恢复则非常困难,这要付出沉重的代价。

第五章　生态文明的理论体系

生态文明建设是与人民利益、民族未来密切相关的长远大计。在社会主义建设中,应将生态文明建设放在突出地位,并在社会主义政治建设、经济建设、社会建设、文化建设等方面融入生态文明建设,推进生态文明建设进程,尽快摆脱资源约束趋紧、环境污染严重以及生态系统退化的不良局面,努力建设美丽中国,实现中华民族的可持续发展。生态文明建设应坚持科学理论的指导,因此首先要构建与完善生态文明的理论体系,本章主要就这方面的内容展开研究,包括生态文明体系的内涵框架、生态文明建设的发展历程以及生态文明的历史文化基础。

第一节　生态文明体系的内涵框架

一、生态文明的内涵

人类努力建设美好的生态环境,在漫长的建设实践中取得了丰富的成果,体现在物质、精神和制度等多个层面,这些成果结合在一起就构成了生态文明。我们倡导生态文明建设,并不是要求人们放弃追求物质生活,按照原生态的方式去生活,而是要求人们树立现代文明理念,改变不合理的生活方式和消费方式,遵循自然规律,严格控制自己的行为,以大自然为实践对象的活动不能超出自然环境的承受范围,走文明发展之路,实现经济发展、生活富裕、生态良好的长远目标。

生态文明具有十分丰富的内涵,下面详细进行分析。

(一)社会主义性质是生态文明的本质属性

马克思主义认为,生态文明社会是实现了"两大和解"的、促进人类全面发展的社会,两大和解指的是人与自然之间的和解及人与人之间的和解。在资本主义生产方式下,生产是无限扩大的,这是由资本的无限逐利性所决定的,劳动异化直接导致生态恶化,以牺牲自然环境为代价而成全了工业文明的进步与发展。人与自然之间的关系恶化是资本主义生态危机在形式层面的主要表现,从本质上来讲,资本主义生态危机其实就是资本与自然关系的危机,这个危机是资本主义本身所无法克服的。社会主义坚持以人为本,努力实现人与自然和谐发展及人的全面发展的目标,生态文明同样倡导以人为本,追求人与自然协调发展,可见社会主义与生态文明具有内在一致性。当前,在社会主义文明建设中,我国将生态文明建设作为重要的历史使命,以人为本是生态文明建设的出发点,在生态文明建设中坚决维护广大人民的根本利益,在科学发展观思想的指导下,努力建设资源节约型和环境友好型社会,实现社会全面、协调、可持续发展以及共同富裕的宏伟目标。

(二)促进社会主义的全面进步与发展是生态文明的价值取向

文明是人类社会进步的主要标志和判断标准之一,社会主义追求更高层次和水平的文明形态。概括来讲,人类文明的发展主要经历了三个阶段,分别是原始文明、农业文明和工业文明,农业文明和工业文明分别催生了封建主义和资本主义,作为农业文明和工业文明发展的一个更高阶段,生态文明所代表的人类文明形态更为高级,因此其对社会主义的全面发展具有重要促进意义。当前,人类面临着全球性的生态危机,在危机关头,人类要继续生存发展下去,就必须开创一个新的、更高级的文明形态,那就是生态文明,我们将迎来生态文明的新时代,这是世界文明的发展趋向,顺应这一潮流,我国提出了社会主义生态文明理念,对人类与自然的关系重新定位与审视,充分发挥我国在世界生态文明进步与发展中的积极促进作用,促成全世界可持续发展,推动全人类的和谐发展。

(三)建立绿色、发达的生态经济是生态文明的物质基础

现阶段,我国经济发展的结构特征主要表现为"三高",分别是高消耗、高污染、高风险,这不利于我国经济的持久发展,因此必须加快转变经济增长方式,对生态环境加以优化,走"绿色、低碳、循环"的可持续发展之路。

我国要大力发展绿色经济,从资金、政策等方面全面扶持新能源建设,推动环保产业、低碳产业、绿色建筑业、生态旅游业的发展,提升绿色产业在产业结构中的比重及地位。只有深入改革传统经济模式,加快发展绿色经济,才能为生态文明建设提供物质基础,使生态文明建设取得持久的成效。

发展低碳经济,需要加强对低碳能源和可再生能源的开发利用,促进能源利用效率的不断提高,大力倡导与宣传低碳消费,改变传统消费模式。

发展循环经济,重点要在农业与工业方面加大改革力度,建立与完善生态农业与工业体系,促进工农业发展的生态效率水平的提升,推进经济发展过程中各个环节如生产、流通、消费的循环有序进行,综合利用矿产资源,循环利用产业废物,促进再生资源回收体系的不断完善,提高资源再生利用的效率。

(四)加快生态文化建设是生态文明的基本途径

我国建设生态文明,首先要树立先进的生态文明理念,要准确认识与深入理解人类与自然的关系,充分尊重与顺应自然规律,与自然和谐相处,增强生态意识,提高生态道德水平。此外,各单位的政绩观及人民的消费观也要与保护生态的观念相适应,从而营造尊重自然、热爱自然以及善待自然的和谐社会氛围,为

生态建设提供良好氛围。生态文明意识形态建设在生态文明建设中居于重要地位,因此要注重对生态道德的培育,推动生态文化的发展。

二、生态文明体系的基本框架

(一)生态文明的指导思想

科学发展观是生态文明的指导思想,在科学发展观思想的指导下建设生态文明,要做好以下几项转变工作。

第一,摒弃"向自然宣战""征服自然"的传统理念,树立"人与自然协调发展"的理念。

第二,摒弃"增长等同于发展""重物轻人"的传统发展观念,树立"以人的全面发展为核心"的发展观。

第三,改革以过度消耗资源、破坏环境为代价的粗放型经济增长方式,倡导集约型经济增长方式,提升可持续发展能力,实现经济社会又好又快发展。

(二)生态文明的战略目标

生态文明建设是一项系统工程,这项工程的目标涉及可持续发展的各个方面,如经济、环境、资源、社会等。"构建美丽中国,实现中华民族的永续发展"是生态文明的长期战略目标。在这个长期战略目标下,具体又包含下列三个目标,这三个目标之间是相互递进的关系。

1. 生态良好

生态良好是生态文明的基本目标,也是实现生态强国和生态现代化目标的基础。结合我国的基础国情,要达到这一基本目标,要做到以下几点要求。

（1）保护生态环境,不再继续破坏。

（2）修复生态,使生态环境的良性循环功能恢复正常水平。

（3）对生态环境与人、经济、社会的协调发展机制加以构建。

2. 生态强国

当前,生态环境问题已成为全球化问题,在全球化时代判断一个国家的综合竞争力,也要看这个国家的生态文明程度。生态文明建设也是促进国家综合竞争力增强和推进强国进程的重要途径之一。因此在生态文明建设中,生态强国也是一项重要目标。

生态强国的内涵主要从以下两方面体现出来。

第一,通过建设生态文明来推进强国进程。

第二,先努力在政治、经济、文化等方面建成强国,然后在此基础上建成生态文明的强国。

生态强国主要有以下几项标志。

（1）生态财富雄厚。

（2）生态空间巨大。

（3）生态福利丰富。

（4）生态竞争力强劲。

3. 生态现代化

实现生态现代化是我国在现代化进程中建设生态文明的重要目标。可以从广义和狭义两个方面来理解生态现代化的含义,广义上的生态现代化指的是现代化进程是绿色的、亲生态的,与生态文明要求相符的。狭义上的生态现代化指的是生态环境达到高度文明化程度。

因此,生态现代化的标志有以下两点。

第一,同步协调推进现代化进程(政治、经济、文化、社会的现代化)与生态文明建设进程。

第二,生态文明水平(生态技术、生态产业、生态文化、生态制度等)达到现代化程度。

（三）生态文明的战略任务

生态文明主要有以下几项战略任务。

1.优化国土空间开发格局

国土是生态文明建设的空间载体,我们必须珍惜每一寸国土,控制开发强度,调整空间结构,加快实施主体功能区战略,构建科学合理的城市化格局、农业发展格局、生态安全格局。此外,还要提高海洋资源开发能力,保护海洋生态环境。

2.全面促进资源节约

保护生态环境的根本之策是节约资源,因此要节约、集约利用资源,从根本上转变资源利用方式,加强节约管理,大幅降低资源消耗强度,提高资源利用效率和效益,支持节能低碳产业和新能源、可再生能源的发展。另外,要发展循环经济,促进生产、流通、消费过程的减量化、再利用、资源化。

3.加大自然生态系统和环境保护力度

良好生态环境是人和社会持续发展的根本基础。对此,我国必须实施重大生态修复工程,增强生态产品生产能力,推进生态环境问题的综合治理,保护生物多样性。加快水利建设和防灾减灾体系建设,提高对常见灾害的防御能力,坚持预防为主、综合治理,重点解决损害群众健康的突出环境问题。

4.加强生态文明制度建设

我国必须依靠制度保护生态环境,包括建立国土空间开发保护制度,完善耕地保护制度、水资源管理制度、环境保护制度等。另外,深化资源性产品价格和税费改革,建立资源有偿使用制度和生态补偿制度,加强环境监管,健全生态环境保护责任追究制度和环境损害赔偿制度。

（四）生态文明的基本原则

生态文明的基本原则包括以下几项。

1. 以人为本、和谐发展

生态文明的中心理念就是以人为本，建设生态文明，要坚持以人为本的原则，促进人的全面发展，使人的需求得到满足。生态文明建设中采取的战略涉及政治、经济、文化、社会各个方面，在实践中要努力实现这些方面的全面协调发展。

2. 有机联系、统筹发展

在生态文明建设中，一方面要将生态文明系统与系统各要素的关系及各要素之间的关系处理好，加强部分与部分、部分与整体的有机联系与相互协调；另一方面要对生态文明系统中各要素之间的层次关系有正确的认识，逐层落实各要素的建设工作，促进生态文明建设水平的提高。

3. 质量并重，科学发展

生态文明深刻体现了科学发展观的重要内涵，是可持续发展的重要前提，生态文明战略既要实现速度的发展，也要体现质量的发展，亦即科学发展。

（五）生态文明的十大支柱

1. 生态友好型发展方式

这是生态文明建设的总体基础，是中国生态文明的发展方式支撑。生态文明在很大程度上说是一种发展方式现象。生态文明必须建立在生态友好的发展方式的基础上。中国现有发展方式是生态破坏型发展方式，因此，加快向生态友好型发展方式的转变是生态文明建设的长远支撑和总体基础。

2. 低碳产业结构

这是生态文明建设的现实基础,是中国生态文明的产业支撑。生态文明化程度与产业格局密切相关,产业结构的高碳化是传统生态破坏型发展方式的基础,因此,要努力构建低碳化产业结构,推广低碳产业技术,形成低碳发展结构。

3. 生态制度安排

这是生态文明建设的制度安排,是中国生态文明的制度支撑。生态文明建设需要体制机制和制度安排的支持。当今时代,这种体制机制的核心,是将生态环境资源化、价值化的市场机制,主要采取市场定价、市场交易的方式。以市场化为核心构建生态文明的制度框架是生态文明建设可持续发展的制度保障。

4. 生态科技创新

这是生态文明建设的核心支柱,是中国生态文明的技术支撑。技术创新是解决生态问题的最根本途径,生态文明建设最根本的也是要靠新的技术。因此,面向生态文明的科技创新是生态文明建设的基本内容。

5. "两型"社会

这是生态文明建设的社会基础。生态文明建设需要社会基础。传统经济体制下,整个社会的生产、消费以及管理行为缺乏基于环境友好和资源节约的社会约束和规范,社会运行呈现出整体的资源浪费和环境破坏特征。因此,构建资源节约型和环境友好型社会是建设生态文明的基础工程。

6. 合理的空间经济布局

这是生态文明建设的空间依托。不合理的国土开发与空间布局不仅拉大原燃料和动力的输送距离,导致能源损耗和污染,加剧局部地区和局部产业生态破坏,更重要的是促使地区经济结构简单重复和趋同,导致专业化分工协作效率与效益损失,导致生态效率与效益损失。因此,按照生态文明要求推进国土开发合理布局是生态文明建设的空间依托。

7. 开放合作格局

这是生态文明建设的开放格局,是中国生态文明的国际支撑。生态文明建设在全球化背景下已经成为全球任务,需要各个国家协同推进,中国要推进自身的生态文明建设,需要发挥自身优势,加强国际合作,利用国际资源,这样才能在提升自身生态竞争力的同时为人类生态文明建设做出贡献。

8. 生态文化

这是生态文明建设的文化基础。生态文明建立在生态文化的基础上,建设生态文化,包括提高人的"生态商",增强社会人群的生态意识,提升人的"生态人格",是推进生态文明建设的内生动力和思想基础,因此也是生态文明建设道路的文化支撑。

9. 评价体系

这是生态文明建设的"指挥棒"和"风向标"。评价标准影响人的行为,传统干部绩效评价体系主要关注经济增长速度和规模,相对忽视对环境的破坏和治理。要建设生态文明,必须确立与生态文明建设要求相适应的绩效、政绩评价体系,科学构建生态文明建设的引导系统。

10. 生态理论联盟

这是生态文明建设的理论支撑。从生态文明的视野分析现有理论,可以发现,社会科学和人文科学诸多重大领域的理论视野存在严重的生态缺失,需要通过将生态文明植入,通过理论"绿化",形成有利于生态文明建设的人文社会科学理论联盟,为生态文明建设提供重要的理论支持。

第二节 生态文明建设的发展历程

自新中国成立以来,生态环境保护在我国受到了党和政府的高度重视,不管是在社会主义革命时期、社会主义建设时期还是在改革开放时期,我国都采取了一系列保护生态环境的措施,并在实践中取得了令人瞩目的成就。经过几十年的努力,我国在生态环境保护工作方面积累了丰富的经验,这对新时期推动我国开创生态文明建设的新局面具有重要借鉴意义。

一、新中国成立早期关于环境保护和生态文明建设的探索

新中国成立初期,以毛泽东同志为核心的党的第一代中央领导集体对生态环境建设和生态环境保护给予了高度重视,并从当时的国情出发提出了"植树造林、绿化祖国"的口号以及一系列关于环境保护的重大部署,如根治大江大河等。在《论十大关系》中,毛泽东同志明确指出,"天上的空气,地上的森林,地下的宝藏,都是建设社会主义所需要的重要因素。"[1]

虽然毛泽东同志没有明确提出生态文明的概念,但他充分认识到了生态环境保护的重要性,针对我国的林业、水利、人口问题提出了许多深刻的见解,这都与保护生态环境有密切的关系。毛泽东同志写了很多和林业问题有关的文稿,被集中收录在《毛泽东论林业》一书中,毛泽东同志的环境保护思想可在这本书中集中体现出来,这些思想不仅对当时的中国社会主义建设具有重要指导意义,而且对后来的小康社会建设、生态文明建设、美丽中国

---

[1] 韩春香."美丽中国"视域下生态文明建设的理论与路径新探[M].北京:中国水利水电出版社,2017.

建设以及中国梦的实现都具有重要的现实指导价值。

二、改革开放以来生态文明建设的思考与实践

(一)邓小平同志关于生态文明建设的思考与实践

以邓小平同志为核心的党的第二代中央领导集体将经济建设作为党和国家的工作重心,全面推行改革开放政策,开始探索建设社会主义。

在这一阶段,面对生态环境被严重破坏的局面,国家逐渐开始重视环境保护工作,并在实践行动中落实这方面的相关工作,以促进生态文明建设内容的不断丰富。

邓小平同志关于生态环境保护和生态文明建设的思考与实践具体从以下几方面体现出来。

1. 生态行为方面

邓小平同志对生态行为高度重视,具体包括政府、企业及公众三个方面的生态行为,这也是邓小平同志生态文明思想的主要体现。

(1)政府生态行为

邓小平同志在 1983 年召开的第二次全国环境保护会议和1989 年召开的第三次全国环境保护会议上分别提出:"环境保护是我国的一项基本国策"和"努力开拓环境保护道路"。关于环境保护的政策和三大战略方针也在第二次全国环境保护会议上被确定下来,环境管理的八项制度又在第三次全国环境保护会议中顺利通过。政府的生态行为在全国生态环境保护中起到了非常重要的主导作用。

(2)企业生态行为

企业生态行为也是邓小平同志生态文明思想的重要表现之一,企业环境保护和资源节约受到邓小平同志的高度重视,要求在生态文明建设中充分发挥企业的作用。针对企业资源浪费的

现象,邓小平同志提出了保护能源的政策,提出要在良好生态环境的支撑下促进企业经济增长。邓小平同志还要求企业在生产中多向经济发达国家学习,结合自身情况借鉴他们的成功经验。邓小平同志的这一生态文明思想与当前我国在生态文明建设中提出的建设生态型企业的构想是契合的。

（3）公众生态行为

邓小平同志非常重视植树造林和祖国绿化,并将此提升到国家战略任务的高度,提倡全国人民积极参与植树造林,以造福后代,这是公众生态行为的主要表现。

2. 注重科技发展

生态文明建设离不开生态科技,科学技术是生态文明建设的基础条件和科学支撑。邓小平同志提出了"科学技术是第一生产力"的口号。作为我国的基础性产业,农业的发展非常关键,而在农业发展中科技起到了不可估量的作用,所以要发展农业,就要相信科学,走科教兴农之路,依靠生物工程解决农业问题。不仅如此,科学技术在生态文明建设及生态环境问题的解决方面也发挥着无法估量的重要作用,将科技因素融入我国生态文明建设中具有重要意义。

（二）江泽民同志关于生态文明建设的思考与实践

党的十三届四中全会以来,以江泽民同志为核心的党的第三代中央领导集体对总结实践经验十分重视,并在此基础上促进理论创新,开创了改革开放的新局面,进一步推动社会主义建设。江泽民同志还在新的历史条件下立足基础国情,创造性地赋予可持续发展理论鲜明的时代特征,使之成为生态文明建设的重要内容之一。①

江泽民同志关于生态文明建设的思考与实践主要表现在以

---

① 韩春香."美丽中国"视域下生态文明建设的理论与路径新探[M].北京:中国水利水电出版社,2017.

下几个方面。

1. 可持续发展战略

江泽民同志非常注重社会各方面的可持续发展,针对当时我国严重的环境污染问题,他认为要摒弃先污染后治理的老路,否则会造成严重的资源浪费和生态环境破坏问题。我国要努力探寻一条经济、资源、环境和人口的协调发展之路,经济的发展不能超出环境的承载范围,否则经济将无法稳定持续发展,发展经济要尊重自然规律,做到经济性与生态性的统一,绝对不能走不可持续发展道路,不能以过度消耗资源和破坏生态环境为代价来发展经济。

江泽民同志在党的十四届五中全会中提出:"在现代化建设中,必须把实现可持续发展作为一个重大战略,"在第四次全国环境保护会议中,江泽民同志又提出:"必须把贯彻实施可持续发展战略始终作为一件大事来抓。"正因为党和政府高度重视可持续发展战略,所以我国建设小康社会也将实现可持续发展列为一个重要目标,这在 2002 年党的十六大报告中被明确指出。

2. 和谐发展

改革开放以来,我国一直没有从根本上转变粗放型经济增长模式,经济发展呈现出资源高消耗的特征,人与自然的关系也没有缓解,反而越来越紧张。如果经济增长方式一直以粗放型为主,不爱护环境,不节约资源,大肆破坏生态环境,那么以后要付出很大的代价去治理与修复,而且治理效果可能还达不到预期效果,造成得不偿失的局面。针对这个问题,江泽民同志在第四次全国环境保护大会中提出了"保护环境的实质就是保护生产力"的论断,在党的十六大报告中提出了"促进人与自然的和谐"。他还提出了文明发展道路,包括生产发展、生活富裕和生态良好三者之间关系密切,其中生产发展是物质基础,生活富裕是生产发展的结果,而生产发展与生活富裕的可持续程度是由生态良好所决定的。

(三)胡锦涛同志关于生态文明建设的思考与实践

历届国家领导人都很关注与重视生态保护与生态文明建设,在生态文明建设实践中取得了可喜的成果,也积累了丰富的经验。党的十六大以来,以胡锦涛同志为核心的党中央立足于中国社会发展实际,与中国经济发展特征紧密结合,充分吸收以往的成功经验,提出了一些著名的思想理论,如科学发展观、建设社会主义和谐社会、建设生态文明等。胡锦涛同志在党的十七大报告中指出:"建设生态文明,基本形成节约能源资源和保护生态环境的产业结构、增长方式、消费模式……在全社会牢固树立生态文明观念。"之后,在社会主义现代化建设的总体布局中,国家又将生态文明建设纳入其中,这在党的十八大报告中被明确提出。

胡锦涛同志关于生态文明建设的思考与实践主要表现在以下几个方面。

1. 科学发展观

发展是科学发展观的第一要义,胡锦涛同志提出的科学发展观中,主要包括以人为本的发展观、全面发展观、协调发展观和可持续发展观等内容,以人为本是核心,全面协调可持续性是基本要求,统筹兼顾是根本方法。科学发展观为我国经济改革发展提供了明确的思路与重要的战略,其作为根本指导思想在我国经济社会发展中起到了重要的指导作用。科学发展观的提出充分表明中国共产党在新的高度上进一步认识与理解了社会主义建设规律、社会发展规律以及共产党执政规律,表明马克思主义和中国国情实现了更高层次的结合,这是马克思主义的中国化的重要标志。

科学发展观指导思想中,可持续发展观居于重要地位,要实现可持续发展,就要将经济增长与环境保护的关系处理好,具体要注意以下几个要点。

第一,经济增长建立在生态环境良好和自然资源充足的基础上,这也是经济增长的基本条件,只有具备良好的生态条件与资源条件,才能实现富民强国的经济发展目标,才能使人民生活水平得到提高。

第二,生态破坏、环境污染、资源枯竭等现象与经济增长不足或增长方式不合理有直接的关系。

第三,经济增长要有可持续性。

第四,发展必然会带来环境问题,要解决环境问题,也要靠发展。

2. 建设"两型"社会

随着小康社会建设进程的不断加快,我国在社会经济建设中消耗的能源和排放的污染物数量惊人。对此,胡锦涛同志认识到要实现全面协调可持续发展,就必须做好保护环境、节约资源、改善生态等各项工作。基于这一深刻认识,胡锦涛同志在中央人口资源环境工作座谈会上提出了建设"两型"社会(资源节约型、环境友好型)的战略目标,建设两型社会后来也被确定为我国国民经济和社会发展的一项重要战略任务。

2006 年 2 月,中共中央政治局召开会议,强调要继续调整产业结构、节约资源,加大环境保护力度,促进循环经济的发展,推动环境友好型社会的建设进程。胡锦涛同志将节约资源与保护环境提升到国家基本国策的高度,强调综合利用资源,将清洁生产业全面推进,在环境保护与生态文明建设中进一步加大力度,全面发展循环经济,尽快建设两型社会。胡锦涛同志关于环境保护的重要思想与工作部署促进了生态文明建设的进一步发展。

3. 明确生态文明这一重大理论范畴

2007 年 12 月,胡锦涛同志在新进中央委员会的委员、候补委员学习贯彻党的十七大精神研讨班上的讲话中又进一步深刻阐释了生态文明的科学内涵,指出:"党的十七大强调要建设生态文明,这是我们党第一次把它作为一项战略任务明确提出来。建设生态文明,实质上就是要建设以资源环境承载力为基础、以自然规律为准则、以可持续发展为目标的资源节约型、环境友好型社会。从当前和今后我国的发展趋势看,加强能源资源节约和生态环境保护,是我国建设生态文明必须着力抓好的战略任务。我们一定要把建设资源节约型、环境友好型社会放在工业化、现代化发展战略的突出位置,落实到每个单位、每个家庭,下最大决心、用最大气力把这项战略任务切实抓好、抓出成效来。要加快形成可持续发展体制机制,在全社会牢固树立生态文明观念,大力发展循环经济,大力加强节能降耗和污染减排工作,经过一段时间的努力,基本形成节约能源资源和保护生态环境的产业结构、增长方式、消费模式。"①

(四)习近平总书记关于生态文明建设的思考与实践

生态文明建设直接关系到人民群众的利益和民族未来发展,这是我国经济社会发展的重要战略任务,也是实现中国梦的重要内容。2012年,我国在社会主义事业总体布局中纳入了生态文明建设这项内容,并提出了"努力建设美丽中国,实现中华民族永续发展"的奋斗目标。党的十八大以来,以习近平总书记为核心的党中央领导集体对生态文明建设的重大意义和重要战略部署做了进一步的深刻阐述,并明确指出了生态文明建设的奋斗方向,促进了生态文明思想内涵的丰富。

习近平总书记关于生态文明建设的思考与实践主要表现在以下几个方面。

1. 提出生态环境良好是最普惠的民生福祉

2013年,习近平总书记在海南考察时提出了和生态文明建设有关的重要科学论断——"良好生态环境是最公平的公共产

---

① 韩春香."美丽中国"视域下生态文明建设的理论与路径新探[M].北京:中国水利水电出版社,2017.

品,是最普惠的民生福祉"。该论断指出了在我国民生问题的改善进程中生态环境居于重要地位,促进了民生基本内涵的丰富与发展,也揭示了生态文明建设的民生本质。

在习近平总书记看来,保护生态环境是一项伟大的事业,可以说是功在当代,利在千秋,对我国来说,生态环境保护是非常紧迫的工作,而且这项任务也十分艰巨,只有清醒地认识到保护环境、治理污染的重要性、必要性以及迫切性,才能以高度负责的态度真正投入到治理环境污染、改善生态环境的工作中,才能真正为人民群众谋福利,为人民群众提供良好的生活环境,提高人民的生存与生活质量,同时对子孙后代负责。

2. 提出绿色发展理念

绿色发展理念是新时期社会主义建设非常重要的思想观念,对生态文明建设具有重要指导作用。绿色体现了人民对美好生活的追求,绿色发展是实现可持续发展的要求之一,要实现绿色发展,就要加大环保力度,节约资源,加快建设"两型"社会,构建人与自然协调发展的和谐氛围。总之,要在国家经济社会发展的各个方面贯穿生态文明建设,在社会主义建设的整个过程中抓好生态文明建设工作,推动绿色发展方式和绿色生活方式的形成与完善,实现人民富裕、国家富强、生态良好的协同发展目标。

3. 建设美丽中国

2013 年 7 月,习近平总书记在致生态文明贵阳国际论坛的贺信中指出:"走向生态文明新时代,建设美丽中国,是实现中华民族伟大复兴的中国梦的重要内容。"实现中华民族永续发展是建设美丽中国的最终归宿,而只有加快生态文明建设,才有实现"美丽中国"宏伟目标的可能。

4. 提出新时代推进生态文明建设的六点原则

第八次全国生态环境保护大会于 2018 年 5 月 18 日至 19 日

在北京召开,习近平总书记在此次大会上发表重要讲话,强调生态文明建设是关系中华民族永续发展、关系党的使命宗旨以及关系民生的根本大计及重大政治问题和社会问题。此次大会上提出了以下六项关于新时代生态文明建设的原则。

第一,人与自然和谐共生,坚持节约优先、保护优先、自然恢复为主的方针。

第二,贯彻创新、协调、绿色、开放、共享的发展理念,加快形成节约资源和保护环境的空间格局。

第三,坚持生态惠民、生态利民、生态为民,重点解决对人民群众健康有害的环境问题。

第四,统筹兼顾、整体施策、多措并举,全方位开展生态文明建设。

第五,加大执法力度,坚决保护生态环境,强化制度创新与执行,增加制度的约束力。

第六,积极参与全球生态文明建设和全球环境治理。

上述原则对新时期我国生态环境保护工作的顺利开展具有重要指导意义,也有助于推动我国生态文明建设迈向新的阶段。

第三节　生态文明的历史文化基础

一、中华文明是生态文明的历史文化基础

灿烂的中华文明是生态文明的历史文化基础。中国古代的伟大发明与发现是中华文明发展的重要基础。农业思想、农业理论以及农业技术的形成与发展对中华文明的发展起到了重要的作用。随着中国农业技术的不断变革,我国劳动生产率和土地产出率逐渐提升,这为中华文明的发展奠定了重要的基础。中华文明的传播与创新随着中国文字的发展和传播而不断强化。造纸术与印刷术的发明和普及为中华文明的传播和传承提供了便利,

也促进了中国传统文化的进一步繁荣。丝绸和瓷器的出现使中国人的物质文化生活日益丰富,这些物质资料的对外贸易也增加了中国的财政来源,对中国经济的发展起到了重要的促进作用。火药、马镫等发明极大促进了中华文明的经济发展,提升了中国的军事实力,起到了重要的保护国家和人民安全的作用。中国航海技术的发展为中华文明与其他文明的交流提供了便利,中国的文学文化、音乐文化和美术文化等艺术文化的发展使中华文明傲立于世界民族之林。在以上一项项伟大发明的推动下,中华文明维持了长时间的繁荣。

农业使人类进入文明时代,我国农业在漫长的发展实践中总结出一些有关可持续发展的理念与经验,形成了多种有重要价值与意义的农业生产模式,这些都是中华文明作为唯一持续至今的文明的重要支撑力量。中华文明在诸多领域(科技、政治、经济、文化、哲学、艺术等)长期处于领先地位,在发展中展示出巨大的凝聚力,也融合了一些外来民族文化,极大地丰富了中华文明内容体系。

中华文明光辉灿烂,在历史上对其他国家的吸引力很强,如唐代的中国气宇恢宏,中华文明高度发达,对周边及远方国家和民族产生了巨大的吸引力。当时长安是世界上人口最多、最繁华的国际性大都会,从世界各地来的外交使节、商人和留学生挤满了长安,出现了"万国衣冠拜冕旒"的盛世景象。周边民族尊崇与认同中华文明,纷纷效仿和学习中国语言、科技及生活方式,这也充分体现了中华文明的吸引力。

虽然中华文明历经艰难曲折,但却是世界唯一连续传承下来的文明。今天,中国提出与发展生态文明,应努力提高科技水平,提高物质文明水平,提高国家的综合竞争力,使中华文明重新以其强大的吸引力和凝聚力在世界上发挥重要影响。

二、中华文明中的生态元素

中华文明生生不息,中国文化传承不绝,这些都离不开中国生态学的力量。因此，要继续传承与发展中华文明，就必须尊重自然，在遵循自然发展规律的基础上发挥主观能动性，合理改造与利用自然，同时要加强对生态环境的保护，杜绝浪费资源，与自然和谐共处、共存共荣。中华文明充满生态元素，下面从三个方面进行分析。

（一）传统思想观念中的生态元素

中国传统思想观念中蕴含着丰富的生态元素，如"天人合一"思想是中华民族古老的生态观，其对中国古代的生态实践起到了重要的指导作用。我们的祖先很早就在生态保护方面做出了重要贡献。例如，春秋时期，孔子不用排网大量捕鱼，不射归巢之鸟。法家商鞅有"昔者吴英之世，以伐木杀兽，人民少而木兽多。黄帝之世，不麛不卵，官无供备之民，死不得用椁"的记述，可见先人们对生态问题早已有了清晰的认识。人类的生存与发展都离不开良好的生态环境，我国古代贤哲能够正确认识"天人关系""人地关系"，并基于这一认识而提出丰富的生态文明思想。庄子认为，自然界的客观规律是不以人的主观意志为转移的，人类要顺应自然规律，要"不以心捐道，不以人助天""无以人灭天，无以故灭命"，这样才有达到"畸于人而侔于天"的境界的可能。荀子在庄子思想的基础上进一步提出了"制天"的思想，主张"制天命而用之"，强调人要在改造自然中充分发挥能动性。古代生态学原理的具体应用集中体现在老子的"道"和孔子的"礼"中。作为"天人合一"思想理论模型的"仁义道德"充分体现了生态学原理。整体而言，中国传统思想包含着较为鲜明的生态维度。

（二）古代政令中的生态元素

中华文明中的生态元素不仅体现在朴素的生态思想上，也体现在具体实践追求上，如通过设置政府机构、颁布法律法令等措施来保护生态环境。下面具体分析古代政令中的生态元素。

第一，为保护自然生态环境和自然资源，设置专门的政府机构,这主要体现在古代的虞衡制度中。虞衡是我国古代掌管山林川泽的政府机构的泛称,保护自然资源是该机构的主要职责,虞衡官主要通过执行朝廷制定的政令、法令来履行职责。

第二,颁布有关保护生态环境与自然资源的法令,如秦制定《田律》,汉制定《九章律》,这些法律约束人们的行为,防止人们肆意破坏自然。其中《田律》是迄今为止保存最完整的古代环境保护法律,其中有专门对生物资源与环境保护进行讲述的内容。古代关于保护自然资源与环境的立法与执法在宋元时期受到高度重视,为保护自然资源,朝廷多次颁布相关禁令。明清时期多沿用《唐律》来保护自然资源与环境,并在《唐律》的基础上有进一步发展,清代还有专门的官员管理水利。总之,我国古代通过颁布具有约束力的法令来保护生态环境与自然资源,人与自然和谐发展的思想随着法律制度的颁布与健全而愈发稳固,统治阶级的法律制度具有强制性,人们的行为受到约束,社会生产活动也越来越规范,这对保护自然资源与生态环境起到了重要的作用。

第三,建立"自然保护区"。汉唐时期,保护生态环境和自然资源的相关理论和实践发展到一定水平,国土资源的开发利用与环境整治受到统治阶级的重视,特别是在唐代,政府管理的职责范围扩大,山林川泽、打猎、污水排放、城市绿化等都包括在其中,而且有关保护生态环境与自然资源的措施及对违反者的处罚方式在《唐律》中都有详细、具体的规定。

(三)古代农业文明中的生态元素

中国古代农业文明发达,土地是农业的根本,因此中国古代许多农学家都非常重视土地的养护,提出了种地与养地相结合,合理使用土地,维护土壤养分平衡的理论主张。《吕氏春秋》提出"地可使肥,又可使棘"的土壤肥力辩证观。儒家从"仁民爱物"的核心价值观出发,要求统治者按季节节律来役使民众,避免对土地的超负荷使用。汉代王充提出土地的肥瘠不是固定不变的,"性恶"的土地需要"深耕细锄,厚加粪壤,勉致人工,以助地力"

（《论衡·率性》）。此后许多农学家进一步提出种地与养地相结合的思想，主张因地制宜，实行农牧结合、豆谷轮作、农林牧相结合。另外，古人还提出保持资源再生能力的思想，反对灭绝性地开发利用生物资源。汉代刘安在《淮南子》中指出："孕育不得杀，鷇卵不得探，鱼不长尺不得取，彘不期年不得食。"这些思想主张颇有见地，强调人类在生产活动中要维护资源再生能力，体现了保护生态环境、维护生态平衡、永续利用自然资源的朴素的生态文明思想。

总之，中华文明中蕴含着丰富的生态元素，古代朴素的生态文明思想对今天的生态文明建设依然具有现实指导意义。需要注意的是，我们重视生态文明，并不是要回到前现代文明阶段，而是要运用现代科技对于文明发展进行生态向度上的规约和引导，这是在更高程度上复活原本被现代文明视为愚昧落后的前现代文明中对大自然的适度敬畏和崇拜取向。我们不能放弃现代文明成果而回到前现代去，前现代文明中的生态意识是我们建立生态文明的重要思想资源。[①]

---

① 常杰，葛滢.生态文明中的生态原理[M].杭州：浙江大学出版社，2017.

第六章　生态文明体系的构建

没有强大的经济基础作为保障,中国梦的实现就是一句空话。但是,在现实中经济发展与生态文明建设之间存在着相互矛盾的一面,只要我们妥善处理二者的关系,是可以达到二者和谐的辩证统一的。只有建立在生态文明基础上的经济发展才更有利于实现人、自然、经济与社会的协调发展。如果我们在生态文明观的指导下,树立"保护生态环境就是保护生产力,改善生态环境就是发展生产力"的发展理念,那么在协调经济与生态的相互关系中积聚内部力量,谋求经济的极大发展是可能的。因此,在发展经济的同时必须加强生态文明建设,使两者之间达到一种平衡发展的状态。本章主要研究生态文明体系的构建。

第一节　生态文化体系构建

生态文化作为一种社会文化,是一种要求人与自然和谐共存、协同发展的文化,是一种促进人类实现可持续发展的文化,以崇尚自然、保护自然、促进资源的永续利用为基本特征。生态文化是由生态意识、生态心理和生态行为共同构成的文化系统。只有在生态意识的指导下,养成良好的生态习惯,形成了积极的生态心理,才能在行为上体现生态性。而生态行为的结果又会强化生态意识,提升生态心理的预期,形成自觉的生态觉悟。

一、大力培育社会主义生态文化

生态良好、环境健康、食品安全、住房宜居、可持续发展状态和高尚的心灵境界,是构成美丽中国的基本要素和人民群众的基本诉求,也是中国梦的重要内容。通过各种举措,培养人的生态意识、生态心理和合理的生态行为,通过开展生态文化公益活动,提供丰富多样的生态产品和文化服务,提高共建生态文明的公信度和参与度,增强珍惜自然资源,保护生态、治理环境的自我约束力和社会影响力,是生态文化建设的重要内容。

(一)倡导和培养正确的生态消费理念

针对社会上存在的各种不文明和非生态甚至是反生态的消费现象,应该从教育入手,大力加强生态教育。要向大众普及各种生态知识,使人民明白奢侈、浪费观念的危害,帮助人民从"人类中心主义"的观念中解脱出来,合理控制自己不正当的消费欲望和消费行为,树立人与自然和谐发展的消费理念。必须重视生态消费的文化积淀,培养造就高素质的理性消费的公民,使各个阶层的消费者消费观念趋于科学化、合理化和生态化。要建立和健全相关的消费法规和制度政策,加强消费的监控能力,发挥民间组织对消费过程、消费效能的监督,提高公民消费方式的文明程度。

(二)培养生态心理,丰富人的精神世界

人与自然的关系不仅仅是索取和奉献的关系,二者之间是相互共存的,没有良好的自然生态环境,人类的生存和发展就会受到严重的威胁。当前国民中存在的各种畸形的消费行为,都与人的消费心理有关。这种错误的消费心态正使人类远离活生生的自然、看不到自然对人的抚育和浸润。树立正确的消费心理正是对现代人心理与自然相分离的医治和弥合。重建人与自然的天

然联系就成为拯救人类精神困境的必由之路。

二、文化建设生态化

将生态文明理念融入文化建设,就是文化建设各方面都要以生态为导向,生态导向是文化建设按生态方向,即人与自然和谐发展的方向发展,即中国语境中的"生态化"。文化建设生态化主要体现为核心价值体系、文化作品、文化事业和文化产业等生态化。

(一)核心价值体系生态化

社会主义核心价值体系包括坚持马克思主义指导地位、坚定社会主义共同理想、弘扬民族精神和时代精神、树立和践行社会主义荣辱观。核心价值体系是一个开放体系,建设生态文明对其提出了新要求。生态文明观念是社会主义核心价值体系的重要内容,在全社会牢固树立生态文明观念,有利于形成符合生态文明的伦理道德观,从根本上消除生态危机,把人类文明带上正确的轨道。而生态文化建设的根本目标,是要将生态价值纳入社会主义核心价值体系。也就是核心价值体系生态化,一个重要内容就是生态核心价值体系。

(二)优秀文化作品生态化

1. 加强生态新闻舆论工作

生态环境问题的日趋尖锐,使生态新闻舆论成为新闻舆论的重要内容。生态新闻就是以生态环境问题为主要报道内容的新闻,具有导向、监督、教育、服务等多种功能,在宣传生态知识、传播生态信息、增强生态意识、解决生态问题、建设生态文化等方面起到不可替代的作用。20世纪80年代以来,我国出现了一批环境新闻记者群,涌现出《伐木者,醒来》等一批新闻舆论作品。但是,当前我国生态新闻存在模式固定、内容雷同、缺少新意等问题。

为此,我们必须做好以下工作:新闻报道增设生态专题专栏,积极报道生态文明建设中的热点、焦点和难点问题,以及先进典型及其经验;加大对人民利益紧密相关的水污染、空气污染和土壤污染,以及我国政府采取有关措施等问题的新闻报道力度;创新生态新闻舆论宣传形式,新闻媒体要加强与相关部门的信息与感情沟通,选择好角度,找准切入点,形成生态合力;转换突发性环境事件的报道思路,将环境事件变成一次共同应对、增强全民生态意识的机会。

总之,生态新闻舆论必须坚持马克思主义生态新闻观,积极宣传党的生态主张、弘扬生态正气、传达生态民意、引导生态热点、疏导生态情绪,确保人民的生态知情权、生态参与权、生态表达权、生态监督权。

2. 推出优秀生态文艺作品

生态文艺是指以人与自然和谐发展为题材,或者主要反映生态内容的文艺形式。其主要任务是通过生产更多、更好、主题突出、内容丰富、能打动人心的生态文艺作品,以此来引领、推动和影响全社会对人与自然和谐的认识和把握,自觉投身到生态文明建设事业中。

因此,我们要积极推进我国优秀生态文艺创作,扩大生态文艺表现形式,加大生态文学中诗歌、小说、散文的分量;加大生态影视的份额;充分利用艺术(如文艺、美术、摄影)来表现生态文明;深化生态文艺理论研究等。优秀的生态文明主题文艺作品潜移默化地影响着人们的生态观念,改变着人们的环保习惯;文艺工作者要紧贴时代脉搏,承担社会责任,创作一批反映环保成就、倡导生态文明的优秀文艺作品;要出台相关奖励措施,鼓励人们积极参与生态文明主题文化作品的创作生产。

3. 提供网络生态文化作品

目前,我国网民规模已达 5 亿,互联网普及率达 36.2%,网络成为人们精神生活的新空间、文化创作的新平台。网络文化是一种新的文化形态,承担着文化传播、教育、引导的社会责任。我国网络文化也出现了生态化趋势,涌现出一批生态网站,各种网络生态新闻层出不穷,出现了《绿色生态》等网络生态游戏,网络正在成为公众学习、传播、教育和建设生态文明的重要平台。当然,我国网络生态文化还存在数量不多、形式单一、互动性差、内容匮乏、过于专业等问题。为此,我们必须充分利用各种网络形式,大力发展网络生态新闻、网络生态动漫、网络生态视频、网络生态音乐、网络生态文学以及网络生态论坛等;政府部门要组织开辟生态文明专栏和网站、充实相关网站内容和形式,在网络上营造生态文明建设舆论大环境;工业企业要利用网络宣传和展示自身建设生态文明的成就与问题,以及通过网络学习他人经验等;学校和科研机构利用网络传播生态文明理念、普及生态文明知识、推广生态文明技术、培养生态文明人才;网络媒体人员要提高生态文明传播意识,全面、准确、通俗解读和传播生态文明理念;普通民众可以利用网络参与生态文明学习、宣传和讨论,创办生态文明相关个人网站、论坛、博客等。

(三)文化事业发展生态化

文化事业是保障人民基本文化权益的主要途径,是提高国民整体文化素质的重要基础。发展文化事业主要包括公共文化服务体系、现代传播体系、优秀文化传承体系和城乡文化一体化等重要任务。生态文明融入文化事业的一个重要表现,就是要构建公共生态文化服务体系、发展现代生态传播体系、传承优秀生态文化体系和城乡生态文化一体化。

1. 构建公共生态文化服务体系

经过 30 多年的努力,我国初步形成了以大型公共文化设施为骨干、以社区和乡镇基层文化设施为基础、覆盖全国城乡的公共文化服务体系。目前,文化馆、博物馆、图书馆、科技馆、纪念馆等公共文化服务设施,开展了一些生态专题或主题活动。杭州科技馆建成了国内领先、世界一流的全国第一家低碳科技馆,成为老百姓了解低碳经济、低碳社会、低碳城市的"第二课堂";还有一批国家级自然保护区、国家森林公园、国际重要湿地和国家湿地公园、自然博物馆、野生动物园等国家生态文明教育基地,成为面向全社会的生态科普和生态教育基地。当然,我国文化场馆开展生态专题或主题活动不多,以生态为特色的专题或主题场馆太少,现有生态文明教育基地作用发挥不够。

针对这些问题,我们要尽快构建公共生态文化服务设施,包括在现有场馆中增加生态文明专题或主题内容与活动;建设一批生态文化馆、生态博物馆、生态图书馆、生态科技馆等;利用基层和社区公共文化服务设施,加强生态文化宣传教育;充分利用现有生态文明教育基地,提高其生态文明教育质量。

2. 发展现代生态传播体系

当今世界,一个国家的文化影响力,既取决于思想内容,也取决于传播能力。提高生态文化辐射力和影响力,必须加快构建技术先进、传输快捷、覆盖广泛的现代生态传播体系。

(1)加强重要媒体生态传播。将党报党刊、通讯社、电台电视台作为战略重点,加大生态文明宣传比重、开设生态文明专题板块、报道生态文明建设典型,在自然灾害、环境突发事件和生态热点问题等舆论引导中形成强大声音,以增强这些主流媒体的生态影响力。

(2)加强国际生态传播能力。经过多年发展,我国重点媒体已经具备了打造国际一流媒体的良好基础,但这些媒体在生态制播、传播等能力方面还有很大差距。我们必须加快打造语种多、受众广、信息量大、影响力强、覆盖全球的国际一流生态媒体,改变国际生态舆论影响力、国际生态事务话语权较弱的局面。

（3）建立国家生态应急广播体系。近年来,我国先后发生了南方雨雪冰冻灾害、汶川特大地震、玉树强烈地震等重大自然灾害,给国家和人民造成巨大损失。在这些突发公共事件应急处置中,广播电视发挥了及时传达政令、发布信息、引导舆论、稳定人心、协助救灾等重要作用。今后,要进一步完善国家生态应急广播体系,实现生态应急广播的全国覆盖和稳定运行。

（4）推进三网融合。电信网、广电网、互联网三网融合是重要发展趋势,我们要充分利用这一新平台和新时机,加强和丰富生态文明节目内容,以适应生态文明新时代的客观要求。

（四）文化产业发展生态化

1. 构建生态文化产业体系

生态文化产业是一个朝阳产业。近年来,我国生态文化产业发展取得了一定成效。但是,目前我国生态文化产业理念落后、发展缓慢,更谈不上形成生态文化产业体系。为此,我们必须做好以下工作:

（1）加快发展生态出版、生态影视、生态印刷、生态广告、生态演艺、生态娱乐、生态会展等传统生态文化产业。如发展生态影视业,提高生态影视生产能力,拍摄出像《2012》《后天》《阿凡达》等具有国际影响力的生态大片。

（2）加快发展生态文化创意、生态数字出版、生态移动多媒体、生态动漫游戏等新兴生态文化产业,如发展生态动漫业。日本是一个动画电影产业大国,宫崎骏是名扬世界的动画电影大师,其动漫产业与作品非常注重人与自然的和谐,可以借鉴日本经验发展我国生态动漫产业,打造出观众喜爱的国际化生态动漫形象和品牌。

（3）推动生态文化产业与生态旅游、生态体育、生态信息、生态物流、生态建筑等产业融合发展。

2. 形成生态文化产业格局

文化企业是发展文化产业的重要主体,21 世纪以来我国涌现出一批总资产和总收入超过或接近百亿元的大型文化企业和企业集团;出现了上海盛大网络发展有限公司、深圳华强文化科技集团等一批民营文化企业;一些文化企业到资本市场融资,深、沪资本市场形成了文化产业板块。但是,我国至今缺少像迪士尼、时代华纳等著名跨国文化公司,民营文化企业普遍规模较小、抗风险差、拉动有限,中小文化企业普遍存在融资难等问题。

这就需要我们尽快形成(生态)文化产业格局:选择几家前景看好、竞争力强的生态文化企业或企业集团,推动其跨地区、跨行业、跨领域、跨所有制的联合或重组,尽快做大做强,成长为具有国际竞争力的大型生态文化企业集团;扶持和培育一批中小民营生态文化企业,使其与大型生态文化企业集团形成协作分工、优势互补的良好产业格局,政府加强管理、提供服务,引导其良性发展;推动生态文化产业与生态资本市场成功对接,政府引导社会资本进入生态文化产业,形成以政府资金为引导、以企业投入为基础、以银行信贷和民间资金为主体、以股市融资和境外资金为补充的多元化生态文化产业投融资体系。

第二节　生态经济体系构建

实现生态建设与地方经济、国家经济的建设紧密结合起来,在保护中发展,在发展中保护。也就是说,产业发展在摆正经济和生态这两点的关系上,一定要优先保障生态。

一、树立生态文明指向的可持续发展观

可持续发展不仅包括经济的可持续发展、社会的可持续发展,也包括生态的可持续发展。人们对经济的盲目追求已经使生态问题形成并严峻化,生态问题的形成和严峻化又反过来危及经济发展的可持续性,而如果经济发展不可持续,又将外化为社会发展、政治发展的不可持续性乃至资源利用方式的不可持续性,这样将形成一个恶性循环的怪圈。贯彻落实可持续发展战略时,要关注生态的可持续发展。

一是协调好人与自然的关系。工业文明的人类在高扬主体性和能动性的同时,忽视了自己受动性的一面,忽视了自然界对人类的独立性、根源性和制约性。因此人类在对自然的征服过程中,要肯定自然界自身的价值,要贯彻人与自然平等、人和自然统一的思想。必须改变传统的发展战略,树立科学的可持续发展观,处理好正确认识自然、合理改造自然、充分利用自然、有效保护自然的关系,使人与自然和谐相处。二是协调好环境保护与经济建设的关系。要进一步推动经济的发展,唯有将经济规划与环保目标有机结合起来,才能腾出更大的环境容量来为经济发展服务。

二、经济建设生态化

实现经济建设与生态文明建设协调发展,另一个重要方面就是推动经济建设生态化。这就是党的十八大报告要求的形成节约资源和保护环境的生产方式、产业结构和生活方式,把生态文明融入经济建设的各方面和全过程,着力推进绿色发展、循环发展、低碳发展。实现经济生态化,必须树立绿色财富理念、大力发展绿色经济、构建绿色产业结构、引导绿色生活消费、创新推广绿色科技。

（一）生产方式生态化

生产是经济活动的首要环节,是影响资源环境的重要因素。工业文明生产方式,以灰色生产、高碳生产、线性生产为特征,是一种高投入、低产出、高污染的生产方式,是造成资源环境危机的主要根源。改革开放以来,我国经济增长资源环境代价过大的主因就是工业文明生产方式。实现生产方式生态化,必须从工业生产方式转向生态生产方式,即节约资源和保护环境的绿色生产方式,由灰色经济、高碳经济、线性经济转向绿色经济、低碳经济、循环经济。

绿色经济强调环境友善、关爱生命、鼓励创造,突出以科技进步为手段实现绿色生产、绿色流通、绿色分配,兼顾物质需求和精神上的满足。循环经济主要从资源减量化、再循环、再利用角度减少资源消耗,强调在生产、流通、消费全过程中物质循环利用,提高资源能源的利用效率。低碳经济是以低能耗、低污染、低排放为基本特征的一种新型经济模式,它通过能源技术和减排技术创新、产业结构和制度创新,形成能源资源节约型的经济发展方式。低碳经济的重点是提高能源利用效率,减少二氧化碳为主的温室气体排放量来应对气候变化;循环经济重点是提高资源利用效率,充分利用好资源,提高资源的投入产出比。

节约能源、减少排放、保护生态,是绿色经济、低碳经济、循环经济等生态经济的共同追求。因此,大力发展绿色经济、低碳经济、循环经济等新型经济,是处理好经济建设与生态文明建设关系,实现我国经济生态化发展的根本途径。

（二）产业结构生态化

产业结构是指国民经济中各个产业部门之间、同一产业内部各个组成部门之间的联系和比例。不同的产业对自然资源和生态环境影响不同,工业尤其是重工业消耗资源和污染环境密集度相对较高,而高新技术产业和服务业对资源投入和环境危害相对较低。

目前,我国农业基础薄弱、工业素质不高、服务业发展滞后,经济增长主要依靠第二产业带动,产业结构与生态文明冲突问题严重。这就需要巩固第一产业、提升第二产业、做大第三产业,经济增长向依靠第一、第二、第三产业协同带动转变,走农业现代化道路、新型工业化道路、新型服务业道路。

在此基础上,形成节约资源和保护环境的绿色产业结构:大力发展生态农业,包括生态林业、生态畜牧业与生态渔业等,这是生态产业的主体部门;大力发展生态工业,包括有机食品、绿色食品、绿色纤维、生态工艺、生态住宅等,这是生态产业的基础部门;大力发展生态信息业和生态服务业,包括生态信息传播业、生态信息管理业、生态教育业、生态保健医疗业、生态咨询业、生态旅游业等,这是生态产业的支撑部门。

(三)消费模式生态化

消费是经济活动的最终环节,消费增长是经济发展的重要动力。长期以来,我国主要依靠出口、投资来拉动经济,消费未能成为拉动经济发展的三驾马车之一。近年来,我国政府越来越重视消费的拉动作用,将消费视为确保我国经济增长的根本途径。但是,消费与生产都是造成资源环境压力的根源,特别是传统消费模式消耗了大量资源,严重破坏了生态环境。

当前,面对扩大消费与生态压力的矛盾,我们又必须充分发挥消费的拉动作用;而面对扩大消费与生态压力的矛盾,我们又必须转变传统消费模式,形成节约资源和保护环境的绿色消费模式。这是一种以维护生态环境平衡为前提,既满足人们日益增长的物质消费,更满足人的精神需要和生态需要,促进人的身心健康和全面发展的新型消费模式。绿色消费,是当今国际社会的消费时尚,也是我国绿色发展的重要引擎。近几年,倡导绿色消费正在成为我国政府的重要执政理念,"从我国国情出发,应在消费领域倡导绿色消费、适度消费的理念,加快形成有利于节约资源和保护环境的消费模式,从需求侧减缓对资源和要素的供给压力"。

第三节 生态目标责任体系构建

生态目标责任体系构建的关键是要建立健全生态环境保护责任追究制度和环境损害赔偿制度,同时进一步完善生态环境保护管理体系。

一、健全生态环境保护责任追究制度和环境损害赔偿制度

环境保护责任制度是指以环境法律规定为依据,把环境保护工作纳入计划,以责任制为核心,以签订合同的形式,规定企业在环境保护方面的具体权利和义务的法律责任制度。狭义的环境保护责任制度,是加强企事业单位内部环境管理的根本措施。根据《环境保护法》的规定,产生环境污染和其他公害的单位,必须建立环境保护责任制度。政绩观的改变单靠宣传教育是不够的,必须有强有力的约束机制,即建立环保考核问责机制,将环境指标真正纳入人员考核机制。

这项制度要求,各个单位必须把环境保护工作纳入计划,制定明确的环境保护任务和指标,落实到生产管理、技术管理等各个方面和环节,并建立考核和奖惩制度。广义的环境保护责任制度,除上述含义外,还包括对各级地方人民政府首长、各部门领导人,以及企事业单位及其领导人实行的环境保护目标责任制。环境保护责任追究制度是针对环境保护责任在没有认真履行以后,对人员应负责任的一种追加处罚的措施。它与环境损害赔偿制度紧密相连。

（一）源头严防的制度

源头严防是建设生态文明、建设美丽中国的治本之策。

（1）健全自然资源资产产权制度。这是生态文明制度体系中的基础性制度。产权是所有制的核心和主要内容。我国自然资源资产分别为全民所有和集体所有，但目前没有把每一寸国土空间的自然资源资产的所有权确定清楚。"要对水流、森林、山岭、草原、荒地、滩涂等自然生态空间进行统一确权登记，形成归属清晰、权责明确、监管有效的自然资源资产产权制度"。

（2）健全国家自然资源资产管理体制。要按照所有者和管理者分开的思路，落实全民所有自然资源资产所有权，建立统一行使全民所有自然资源资产所有权人职责的体制。

（3）完善自然资源监管体制。必须完善自然资源监管体制，使国有自然资源资产所有权人和国家自然资源管理者相互独立、相互配合、相互监督，统一行使全国国土空间用途管制职责，对各类自然生态空间进行统一的用途管制。

（4）坚定不移地实施主体功能区制度。这是从大尺度空间范围确定各地区的主体功能定位的一种制度安排，是国土空间开发的依据、区域政策制定实施的基础单元、空间规划的重要基础、国家管理国土空间开发的统一平台，是建设美丽中国的一项基础性制度。各地区必须严格按照主体功能区定位推动发展。

（5）建立空间规划体系。要改革现在的规划体制，形成全国统一、定位清晰、功能互补、统一衔接的空间规划体系。增强规划的透明度，给社会以长期明确的预期，更多地依靠当地居民监督规划的落实。

（6）落实用途管制制度。建立覆盖全部国土空间的用途管制制度，不仅对耕地要实行严格的用途管制，对天然草地、林地、河流、湖泊湿地、海面、滩涂等生态空间也要实行用途管制，严格控制转为建设用地，确保全国生态空间面积不减少。

（7）建立国家公园体制。这是对自然价值较高的国土空间实行的开发保护管理制度。对各种有代表性的自然生态系统、珍稀濒危野生动植物物种的天然集中分布地、有特殊价值的自然遗迹所在地和文化遗址等建立比较全面的开发保护管理制度,避免出现切割自然生态系统和野生动植物活动空间,实现对碎片化的自然保护地进行整合调整。

(二)过程严管的制度体系

过程严管,是建设生态文明、建设美丽中国的关键。

(1)实行资源有偿使用制度。我国资源及其产品的价格总体上偏低,所付费用太少,没有体现资源稀缺状况和开发中对生态环境的损害,必须加快自然资源及其产品价格改革,全面反映市场供求、资源稀缺程度、生态环境损害成本和修复效益。

(2)实行生态补偿制度。生态产品具有公共性、外部性,不易分隔、不易分清受益者,政府应该代表较大范围的生态产品受益人通过均衡性财政转移支付方式购买生态产品。要完善对重点生态功能区的生态补偿机制。同时,推动地区间建立横向生态补偿制度。

(3)建立资源环境承载能力监测预警机制。根据各地区自然条件确定一个资源环境承载能力的红线,当开发接近这一红线时,提出警告警示,对超载的,实行限制性措施,防止过度开发后造成不可逆的严重后果。

(4)完善污染物排放许可制。依法对各企事业单位排污行为提出具体要求并以书面形式确定下来,作为排污单位守法、执法单位执法、社会监督护法依据。排污许可制的核心是排污者必须持证排污、按证排污。要加快立法进程,尽快在全国范围建立统一公平、覆盖主要污染物的污染物排放许可制。

(5)实行企事业单位污染物排放总量控制制度。要逐步将现行以行政区为单元层层分解最后才落实到企业,以及仅适用于特定区域和特定污染物的总量控制办法,改变为更加规范、更加公平、以企事业单位为单元、覆盖主要污染物的总量控制制度。

二、完善生态环境保护管理体制

建立和完善系统的管理体制,需要在以下几个层面进行战略规划:一是在国家战略层面,应形成生态环境保护的长期发展规划管理体制;二是在利益关系协调层面,应形成国际、区际、生态系统各区域间有效协作并有效协调利益关系,协同生态环境保护行为的管理体制;三是在监管层面,应形成生态环境保护的有效监管体制;四是在市场平台层面,应建立有关自然资源生态环境的交易市场制度,并建立相应的市场管理体制;五是在社会参与层面,应形成社会公众与生态环境保护组织有序参与、有效参与的管理体制。只有从上述五个层面去完善管理体制,生态文明建设的各项具体建设内容才能有效地推进。

生态环境保护管理体制改革需要在整个国家行政管理体制改革的框架下进行,需要做好以下重点工作。

要建立生态文明建设的跨部门协调机构。其主要职责是协调国务院各部委的环境保护和生态建设工作,牵头组织生态文明建设部门联动会议,发挥其统筹协调作用,不断深化部门协作。持续推进区域、流域联防联控联治机制。

建立和完善严格监管所有污染物排放的环境保护管理制度,独立进行环境监管和行政执法。继续探索实行职能有机统一的生态环境大部门体制改革,综合生态保护和污染防治的职能,建立陆海统筹的生态系统保护修复和污染防治区域联动机制,增强区域流域环境统筹协调和监督管理能力。健全和强化生态环境司法、责任追究制度和环境损害赔偿制度。

继续强化"国家监察、地方监管、单位负责"的生态环境监管体制建设。加强环保区域派出机构能力建设。建议在条件适宜地区推行省以下环境保护主管机构垂直管理,也可根据各地实际情况,在重点乡镇设立县(市、区)环保局的派出机构,由县(市、区)环保局垂直管理,或者在乡镇政府内部设立专管职位,从事乡镇环保工作。同时，建立健全监督地方政府履行环保责任的机制，实行环境保护目标责任制和考核评价、责任追究制度。

第四节　生态文明制度体系构建

在生态文明建设和生态文明体制改革过程中，政府要综合运用必要的法律、行政和经济手段，制定长期的生态文明发展战略，利用各种制度和政策工具，弥补市场、企业与社会的缺陷和不足，同时依托市场，相互结合，规范和推动生态文明建设和发展。

一、加快构建生态文明市场作用实现机制

生态环境是生产力要素，是一种稀缺资源，市场是配置资源的最有效工具。自然资源是国家资本的重要组成部分，自然资源资本化已经成为国外的重要趋势。自然资本产权不明晰、自然资源市场缺失，导致自然资源价格扭曲、环境成本没有内部化，是我国环境污染形势严峻、生态系统退化的重要原因。加快构建生态文明市场作用实现机制，将生态建设所产生的生态产品和生态服务按照市场供求关系、资源稀缺程度、生态产品公平分配的原则进行配置、定价和交易，激励市场主体自觉参与生态文明建设，是加快生态文明建设的关键，是创新生态文明治理体系的重要任务。

改革创新生态文明市场作用实现机制，需要围绕激发市场活力，以自然资源资产化为重点，按照激励与约束相结合、保护者和建设者受益、污染者和破坏者赔偿、受益者和使用者付费的原则，明晰自然资源产权，完善自然资源产业、财税、价格、金融等环境经济政策体系，健全市场交易机制，注重发挥市场调控作用，建立资源节约和环境友好的生态文明市场治理制度体系。

（一）完善自然资源产权制度

1.健全国家自然资源资产管理体制,统一行使全民所有自然资源资产所有者职责

（1）设立统一的自然资源资产管理部门,统一行使各级国有自然资源资产所有者职责。明确自然资源资产管理和资源监管部门的职责分工,即管理部门主要负责监管自然资源资产的数量、范围和用途,落实自然资源资产所有权人的权益,监管部门主要负责自然资源的保护与修复。

（2）扩大自然资源产权范围,完成对水流、森林、山岭、草原、荒地、滩涂等自然生态空间进行统一确权登记,形成归属清晰、权责明确、监管有效的自然资源资产产权制度,包括产权界定作为基础和依据,用途管制确保生态功能和安全。监管部门要让自然资源使用者的权益得到保护和实现,同时确保生态功能得到严格保护。

（3）积极健全自然资源管理和监护的社会制衡机制,让公众、媒体、非政府组织等社会力量参与进来,一方面监督经济参与主体的自然资源使用行为;另一方面监督政府部门的管理和监护行为,特别是对用途管制的监督。

2.建立多样化的自然资源所有权体系

按照"可持续规模—公平分配—有效配置"的模式来进行,着手明晰自然资源的占有权、使用权、收益权及处分权。

（1）根据自然资源产权多样化特征,分门别类建立起多样的所有权体系。明确划分资源产权权利的利益分配关系,引入多元化的使用权主体。建立自然资源产权混合市场,激活转让权。对于产权界限比较清晰的自然资源,如森林、草原、矿山等,在平衡公共利益及所有者与使用者利益前提下,根据其使用、经营的公共性和外部性大小,可以将自然资源的所有权分配或拍卖给国

家、地方政府、企业和个人等不同的产权主体；对于产权边界模糊而难以界定、外部性很大的自然资源，如海洋水产资源、地下水等，应继续以公共产权主体为所有者，但需要改变目前政出多头的所有权结构，由统一的自然资源资产管理部门作为单一的所有者来管理。

（2）探索把部分自然资源的所有权私有化，形成公私产权对接的自然资源产权混合市场。通过适当引入自然资源私有化，探索解决公共租金流失、价格机制失效、使用权过度滥用等问题。

（二）创新环境经济政策体系

资源低价、环境廉价是资源浪费与环境污染的基础性原因。纠正在资源环境价格方面的错误市场信号，建立充分反映市场供求、资源稀缺程度及环境损害成本的价格形成机制，将资源环境成本真正内部化，避免排污者将污染成本转嫁给社会，使节约资源、保护环境真正成为人们的自觉行为。

1. 推动财政政策的生态化调整

要建立财政支持绿色发展稳定增长的资金机制；创新财政手段，采取基金补贴、免贷奖励、贴息、担保等市场手段，弱化以专项资金管理为代表的行政手段管理色彩；发挥财政投入的效益，建立中央和地方事权明晰的多级投入机制。同时完善资源环境税收体制，扩大资源税增收范围到所有自然资源和自然空间，理顺中央和地方财税关系。加强自然资源开发保证金、押金制度，对符合环保要求综合利用产品实行增值税优惠政策，增加节能产品、绿色产品生产和消费的补贴力度。完善绿色金融政策，研究实施绿色保险、绿色信贷、绿色贸易、绿色债券等环境经济政策，推广企业环境信用评级制度，开展污染责任保险试点。建立多元化的生态文明建设投融资机制。加大对环境友好型产业和环保产业扶持力度。

2. 改革环保收费与环境价格政策

完善城镇污水和垃圾收费政策、脱硫脱硝电价的价格政策、处置污染物的收费制度；深化推进水资源、电价、煤炭、石油、天然气等关键性资源产品的定价机制改革,按照市场化定价的原则,逐步改变政府直接控制价格的做法,在重要资源价格形成机制的改革上取得实质性突破。加大排污费征收力度,合理利用价格杠杆,大力推行阶梯电价、水价,研究建立节水、节电、垃圾分类回收等方面的奖励机制。

二、全面健全生态文明公众治理制度体系

生态文明既是个人责任,又是社会责任,需要凝聚共识,形成好的社会环境。多元主体在追求公共利益过程中,形成良性互动的和谐关系是生态文明治理的一个重要特征。培育社会公众的主体意识、参与意识,协调不同社会治理主体之间的关系,促进生态文化道德养成,形成从点到面、从意识到行动、从区域到企业全方位推进的生态文明治理机制,是健全生态文明治理体系的重要任务。

改革创新生态文明公众治理制度体系,需要围绕发挥公众监督作用,以保障和发展公众环境权益为重点,遵循以人为本、权利和义务并重、自觉自律与引导规范相结合的原则,加强宣教和文化建设,确保公众知情权、参与权、监督权、索赔权、申诉和控告权,建立广泛参与、合作共赢、多方互动的社会治理制度体系。

(一)加强生态文化宣教建设

完善生态文明国民教育体系,创新和强化生态文明宣教,培育公众的现代环境公益意识和环境权利意识。将生态价值观纳入社会主义核心价值体系,形成资源节约和环境友好型的执政观、政绩观。加强企业环境信息公开强制性制度建设,建立企业

环境保护信用体系,推动企业环保社会责任制度建设。加强生态文化载体建设,积极开展生态文明示范创建活动,积极开展绿色细胞工程。推行健康文明的生活方式,积极引导鼓励绿色消费,在全社会倡导勤俭节约低碳生活,形成良好的社会风尚。

1. 建立生态文明全民教育机制

（1）重塑生态文化。深入挖掘弘扬传统文化生态文明理念,培育现代生态文化,将生态价值观纳入社会主义核心价值体系,形成资源节约和环境友好型的执政观、政绩观。尽快制定出台加强生态文化建设的指导性意见,编制生态文化建设规划,启动生态文化建设工程。积极研发和推广生态科学技术,要加大生态文化科研投入。丰富生态文化产品,包括音乐、歌舞剧、实景剧、民间绝技绝活、电影电视、工艺品及其他民俗活动等。加强生态文化载体建设,积极开展生态文明示范创建活动,积极开展绿色细胞工程。

（2）构建学校生态文明教育体系。教育部门要推动各级各类学校开设生态文明课程,广泛开展生态文明基础教育,使之日常化并纳入工作制度。通过实践培养、教师培训、教材编制等方式开展生态文明教育。加强教师生态文明培训与实践,提高教师生态文明意识。组织编写生态文明教育科普读本,定期充实更新教材内容,加快生态文明教育基础设施建设,不断完善生态文明社会实践教育制度。

组织学生深入乡村、社区和企业,开展生态文明社会实践教育,引导学生养成绿色行为习惯。积极推进生态文明终身教育,提高所有受教育者的生态文明程度和生态文化素质。建立制度化、系统化、大众化的生态文明教育体系,做好国情认知教育,普及环境科学和环境法律知识,大力宣传环境污染和生态破坏的危害性,让群众认识到改善生态环境质量的紧迫性、艰巨性和长期性,充分理解和支持生态文明建设,为生态环境持续改善奠定广泛、坚实的社会基础。努力使生态文明成为主流价值观并在全社会普及,树立正确的生态价值观和道德观。

（3）开展党政机关生态文明教育。重视党政机关管理人员生态文明教育,因地制宜地在党校和行政管理部门设置生态文明教育课程,实施各级党政干部轮流培训计划,通过开展领导干部的生态文明专题讲座活动、生态文明理论知识学习培训活动,来提高政府部门人员的生态意识和生态文明理念。针对生态文明建设进展,不定期举办生态文明专题讲座。推进生态文明制度建设,鼓励党政管理人员加强自我学习和外出进修、考察的积极性。结合工作实际,适时组织规模不一、多部门、各类专家参加研讨会,增强党政决策者和行政管理者的生态意识,提升执政管理水平。

2. 推进生态文明绿色创建工作

（1）积极开展绿色细胞创建,积极开展绿色学校,绿色医院,绿色饭店,绿色社区,绿色家庭,绿色工地,绿色企业、公司、单位等绿色细胞创建活动,按照建设资源节约型、环境友好型社会的要求,以社区、学校为重点,进一步深化学校和社区的绿色创建工作,扎实推进生态文明建设。在绿色学校创建过程中,将可持续发展的理念有机融合到情感、态度、价值观和社会责任感的培养目标中,大力加强节能减排行为教育,提高广大师生员工的环境素养和环保参与能力;在绿色社区创建工作中,不断创新"环保进社区"形式,通过开展环保楼道(门)文化建设、环保志愿者队伍建设,以及圆桌对话会议、物业服务公司共建绿色社区等活动,倡导居民在日常生活中自觉践行低碳生活,积极投身节能减排行动,初步构建起环保志愿者—绿色家庭—绿色社区的基层生态工作链。

（2）推进绿色政府建设。推动政府机构绿色采购。完善环境标志产品认证制度和政府绿色采购清单制度。政府在公务用车领域,把节能、环保、小排量汽车作为公务用车的首选车型。推进政府机关绿色办公。加强机关人员节约资源能源教育,推广无纸化办公,减少电梯使用,带头节约办公用品,提倡物品循环使用,实现办公资源与能源节约。加强对废旧办公设备的回收利用和资源化处置。属于政府部门固定资产的办公设备,由资产管理部门按照相关程序进行统一报废收集处理。政府工作人员的个人电子垃圾,投入专门设立的"电子垃圾回收站",由指定作业人员统一定期收集处理;与已在主管部门备案的废旧家电与电子产品回收处理企业建立合作关系,由其对报废的废旧办公设备作资源化、无害化处理。

(二)健全环保公益诉讼制度

拓宽环境公益诉讼主体资格。环境侵权具有社会性、广泛性、潜在性、不确定性等特征,其侵害往往是间接的、难确定的,受害主体间也是不相联系的、无组织的。按传统的侵权理论,只有"与本案有直接利害关系"的人才可以提起诉讼,环境公益的保护将极大受限。构建环保公益诉讼制度,首先要拓宽诉讼主体资格,逐步将国家机关、企事业单位、环保公益团体和个人纳入原告范围。完善环保公益诉讼具体操作程序,合理分配举证责任,研究举证责任倒置在环保公益诉讼中的具体应用。制定责任界定和损失评估制度,科学界定环境污染原因、责任主体、损害程度、弥补措施和赔偿数额等。

扩大环保公益诉讼范围。正确界定环境公益诉讼的范围,是建立环境公益诉讼法律制度的前提。我国环境民事公益诉讼范围应主要限于行政机关根据依法行政原则不能直接干预的,损害环境公共利益的民事主体的行为。环境行政公益诉讼范围主要包括:

第一,行政机关不主动履行法定职责,损害环境公共利益而无人起诉的具体行政行为。

第二,只有受益人而没有特定受害人的具体行政行为,如非法的行政许可,从而使得环境受到破坏,林木受到滥伐。

第三,受害人为不特定多数人的具体行政行为。

第四,抽象行政行为。

充分发挥社会公益组织的力量,形成全民环保监督机制。环保公益组织在环境保护中起着不可估量的作用,政府应当以更加开放的心态,接受社会公益组织,并有效利用他们的工作成果。尝试与公益组织进行合作,向公益组织购买服务。

第五节　生态安全体系构建

一、构建良好的生态安全法律体系

(一)创新生态安全保护法律制度

为适应市场经济和自然生态发展的需要,修改和完善现有的《环境保护法》和单项自然资源保护法。尽快制定一部综合性的《国家生态安全法》,统筹生态环境、资源开发与经济发展之间的矛盾,扩大维护生态安全的法律领域,填补法律空白。注重法律法规之间协调,在制定和完善生态安全相关法律时,必须与民法、行政法、环境保护法相结合,消除法律适用之间的冲突,解决现有单项自然资源保护和环境保护法无法解决的有关生态安全问题。为确保全社会对物质的循环利用,抑制自然资源的过分消耗,减轻生态环境的负荷,应尽快出台循环经济立法,从源头上预防和控制生态安全问题。

(二)建立国家生态安全管理体制

提高环境管理部门的管理权限,建立专门机构对生态安全进行管理,明确行政职责,独立行使行政监管和处罚权,加大执法力度。行政管理部门在权力行使过程中,摈弃传统的经济利益至上的原则,树立正确的生态环境可持续发展观念。不局限于消极的不侵犯个人、企业和组织的权利的范围,积极地扮演服务者的角色。注重从全人类的整体利益和整个生态系统安全的共同利益出发,不能只看到眼前利益、局部利益,积极预防、处理和治理生态危机。

二、推行促进循环经济发展的政府政策

（一）利用经济政策促进循环经济的发展

是否具有经济效益,通常是决定循环经济是否可行的重要因素。循环经济的实现不能仅仅依靠市场,政府在财政等方面采取相应的限制与鼓励措施是非常必要的。《循环经济法》以法律形式规定了一系列经济手段,以激励循环经济的发展。

（1）《循环经济促进法》明确规定国务院和各省、区、市政府要设立循环经济发展专项资金,支持循环经济的科技研究开发、循环经济技术和产品的示范和推广、重大循环经济项目的实施、发展循环经济的信息服务。

（2）对于循环经济重大科技攻关项目的自主创新研究、应用示范和产业化发展,国务院和各省、区、市政府及有关部门要将其列入国家或者省级科技发展规划和高技术发展规划,并安排财政性资金予以支持。

（3）规定国家对促进循环经济发展的产业活动给予税收优惠,并运用税收等措施鼓励进口先进的节能、节水、节材等技术和设备,限制在生产过程中耗能高、污染重的产品的出口。

另外,还规定了其他一些措施激励循环经济的发展,包括:县级以上人民政府循环经济发展综合管理部门在制定和实施投资计划时,应当将节能、节水、节地、节材、资源综合利用等项目列为重点投资领域;使用财政性资金进行采购的,应当优先采购节能、节水、节材和有利于保护环境的产品及再生产品等。

发展循环经济的目标是以最小的资源消耗、最少的废物排放和最小的环境代价获取较大的经济效益、社会效益和环境效益。《循环经济法》的颁布,将成为中国转变经济增长方式的一个突破口,也是贯彻科学发展观,构建资源节约型、环境友好型社会的重要举措。

（二）强化产业政策的规范和管理

粗放式生产的低效益、高消耗，只注重产出，不注意全程管理和经济效益，结果是不仅效益低下，而且污染严重。从清洁生产的角度看，工业污染物排放的30%～40%是管理不善造成的。

（1）国家产业政策应当符合发展循环经济的要求。国务院经济综合宏观调控部门会同国务院环境保护等有关主管部门，定期发布鼓励、限制和淘汰的技术、工艺、设备、材料和产品名录。有关部门要对名录制度的实施情况进行监督。

（2）加强对高耗能、高耗水企业的管理。为了保证节能减排任务的落实，国家对钢铁、有色金属、煤炭、电力、石油石化、化工、建材、建筑、造纸、纺织、食品等行业内，年综合能源消费量、用水量超过国家规定总量的重点企业，要实行重点管理制度，并明确提出管理措施，定期进行审核。

三、建立健全国家生态安全预警机制

生态安全，首先需要的是政府和社会的预警系统，包括专家、媒体和民间环保人士们的种种警示之声，培育大众对环境质量的关注，保证环境质量的信息通报渠道和大众的知情权。一个完善的国家预警体系的建构，反映出一个国家整体安全水平。

我国资源严重短缺，生态环境极其脆弱，随着城镇化和工业化的发展，人口增长和资源开发利用对生态环境的压力越来越大，生态安全面临更加严重的威胁，必须采取有效措施，努力维护国家生态安全。我国将建立国家生态安全的监测、预警系统，及时掌握国家生态安全的现状和变化趋势，为国家提供相关的决策依据。

（一）自然灾害监测与预警制度

我国是一个自然灾害种类繁多、发生频繁和危害严重的国

家。从其致灾成因分析,大致可分为三类:由大气水圈变异而引发的水旱及一系列气象灾害;由岩石圈变异活动引起的地震地质灾害;由生物圈变异引起的农业病虫草鼠害。我国突发性自然灾害主要有:地震灾害,据有关资料统计,全球陆地上的7级以上地震,30%左右发生在中国,20世纪中国共发生7级以上地震80次,仅新中国成立以来中国内地就发生7级以上强震34次,20世纪以来中国经历了5个强震活动高潮,其间发生10多次7级以上强震,甚至发生一两次8级左右的大地震。干旱灾害,我国干旱区域广,有45%的国土属于干旱或半干旱地区,干旱灾害引起水资源持续减少、湖泊水位降低,水面缩小甚至干涸、冰川退缩和变薄、沙漠化土地明显扩展。洪涝灾害,从20世纪80年代以来,长江、黄河、珠江、淮河等七大江河的水灾面积和成灾率都比20世纪六七十年代有所增加。

我国政府高度重视防灾减灾工作,把防灾减灾作为实现国家经济和社会可持续发展总体目标的重要保障,致力于经济社会与自然资源、生态环境协调发展,和谐共存。中央政府成立了国家减灾委员会,统一组织协调国家减灾工作;先后颁布和实施了与减灾有关的法律法规30余部,减灾工作逐步纳入法制化轨道;民政部成立了国家减灾中心,加强了灾情监测、评估、综合分析和报送工作。每年年初组织年度重大自然灾害趋势预测会商,每月组织主要涉灾部门开展灾情会商。

我国对自然灾害的预测、预报、预警,包括防灾救灾过程的监测是非常重视的,目前已建立灾害的报送制度、24小时对灾害的监测制度、灾害的会商和预测制度。

其一,灾害的报送制度,主要是完善了我国民政系统的灾情报送制度,在灾害发生以后2小时以内基层民政部门要把灾情报出来,在发生重大自然灾害时,基层民政部门要尽快报送到省级民政部门和民政部。另外,在重大自然灾害实行24小时零报告制度。

其二,24小时对灾害的监测制度,主要是通过民政部的救灾司和国家减灾中心,他们 24 小时实行值班制度,收集和汇总处理各类信息,对灾情变化情况随时报出,按照灾情的变化确定应对措施,开展救灾工作。

其三,灾害的会商和预测制度,月、季、年都要进行会商。我们国家的预测、预警系统,按照灾害的不同类型,由部门负责配合,上下分级管理。气象局、海洋局、地震局、水利部、民政部,每月由民政部牵头和各个部门一起研究,信息会商,分析月度可能发生的灾害,监测出有可能发生的灾害情况。同时,灾害发生以后,及时进行会商,了解灾害发生的状况和救灾工作的进展情况。

（二）自然灾害监测与预警技术

应对自然灾害,也有赖于科技水平的不断提高。监测、预报准确、及时,充分发挥科技对重大自然灾害的监测、预警、预报,以便有关各方早做准备,及时应对。目前,我国在灾害预报体系建设方面,已经形成了由地面气象站、高空探测站和新一代天气雷达组成的气象监测预报网络;由 48 个地震台组成的国家数字地震网、23 个省级区域数字遥测地震台网和 56 个地壳运动观测网络、400 多个站台组成的地震前兆观测网络。

另外,水文检测、森林防火和森林病虫害预测预报网络也已经形成并投入使用,为我国及时准确地对自然灾害进行预警、预报提供了科学依据。应用遥感、地理信息系统和计算机等高新技术,对重大自然灾害进行监测评价,为政府和有关部门提供及时、准确和可靠的信息,使防灾、减灾和救灾有充分的科学依据是国民经济建设和社会保障需要解决的重大问题。中国环境监测总站是国家环保总局直属事业单位,为国家环保总局实施环境监督管理提供技术支持、技术监督和技术服务,作为全国环境监测的网络中心、技术中心、信息中心和培训中心,对全国环境监测系统进行业务管理和指导。

目前,我国已初步形成自然灾害预报、预警、评估、信息服务"天地一体化"的监测体系,建立起了较为完善、广覆盖的气象、海洋、地震、水文、森林火灾和病虫害等地面监测和观测网,建立了气象卫星、海洋卫星、陆地卫星系列,并正在建设减灾小卫星星座系统。卫星遥感技术具有视域大的宏观特性,它的探测波段从可见向微波和红外延伸,使人们对地物的观察和研究具有了全天候和全天时的可能;另外,它还能周期成像,有利于动态监测和研究。卫星遥感以其时效性、客观性和可读性的特点,在对各种自然灾害特别对重大自然灾害等突发事件的监测工作中起到了重要作用,已成为各级领导部门、专业机构及时了解灾情信息的重要技术手段之一。如何将卫星遥感等高新技术用于灾害动态监测、灾害快速评估等方面,以提高防灾、抗灾、减灾能力,受到越来越广泛的重视。监测森林病虫害、沙漠化等主要以陆地卫星 TM数据为主,分别构建了相应的监测模型,进而确定出沙漠化及森林病虫害侵袭的程度和分布范围。林火、洪水、雪灾、旱灾和地震等灾害主要以 NOAA 数据来监测,因为这些灾害的发生、发展更为迅速,如果不能及时获得灾情,就很难做出准确的决策。对于灾后的评价多采用航空遥感手段,以便更准确地制定生产自救和重建家园计划。

第七章 生态文明建设的保障体系

纵观人类发展历史,人与自然始终存在某种联系。从最初的原始文明、农业文明,发展到后来的工业文明,人类与自然的关系已然发生了深刻改变。20世纪70年代以来,全球经济迅猛发展,随之而来的一系列自然灾害却令人震惊不已,如比利时马斯河谷烟雾事件、美国洛杉矶光化学烟雾事件、多诺拉烟雾事件、英国伦敦烟雾事件等。事件背后的起因,让人们不得不开始深刻反思工业文明遗留下的后果。我国正处于社会主义的发展阶段,各行业经济发展势头喜人,但与之伴随的环境污染、资源匮乏等问题也初露端倪。近几年,生态文明建设引起了社会各界的广泛关注和讨论,我国政府也将其作为重要议题提上了日程。科学推进生态文明建设,建立"美丽中国",对于我国实现可持续发展有着深远且重大的意义。然而,生态文明建设的顺利进行离不开一定的保障体系,需要思想理论的指导,一定的物质作为基础,也离不开完备的制度体系,并且还需要坚守自身的责任底线。本章就针对上述这几个方面的问题展开分析与探讨。

第一节 生态文明建设的思想保证

生态文明建设是我国当前面临的一个重要建设工程,习近平总书记在党的十九大报告中也明确指出:"建设生态文明是中华民族永续发展的千年大计。"推进生态文明建设需要吸收优秀的生态文明思想,在此基础上结合我国国情,制定符合我国发展规律的方针和政策。

一、高举习近平新时代社会主义思想伟大旗帜

高举习近平新时代社会主义思想伟大旗帜,就要用习近平新时代社会主义思想武装头脑。党的十九大召开后,在全国范围内掀起了学习贯彻党的十九大精神和习近平新时代社会主义思想的热潮,这是全党、全国当前最重要的政治任务,并且在未来一段时间内都将是全党、全国最重要的政治任务。通过学习宣传活动,帮助党员干部学习领会党的十九大提出的一系列新的重要思想、重要观点、重大论断、重大举措,把思想统一到十九大精神上来。习近平新时代社会主义思想,是马克思主义中国化最新成果,是党和人民实践经验和集体智慧的结晶,是社会主义理论体系的重要组成部分,是全党、全国人民为实现中华民族伟大复兴而奋斗的行动指南。

在新时代坚持和发展社会主义,就要求我们必须深入贯彻落实习近平新时代社会主义思想,这是在新时代推动中国改革和建设事业发展的最好实践。深入贯彻习近平新时代社会主义思想,要求我们全面把握习近平新时代社会主义思想的科学内涵、精神实质、实践要求,引导人们在新的广度和深度上提高认识,确立高度的政治认同、思想认同、理论认同、情感认同。习近平新时代社会主义思想是我们党最可宝贵的政治和精神财富,是新时代全国各族人民团结奋斗的共同思想基础。

要认真学习、准确领会、深入贯彻党的十九大精神,切实把思想和行动统一到习近平总书记提出的重大理论观点、重大战略思想、重大决策部署上来。认真学习贯彻党的十九大精神,深入学习领会习近平新时代社会主义思想,着力夯实思想根基,才能筑牢信仰之基、补足精神之钙、把稳思想之舵。只有这样,我们党才能不辱使命,才能回应人民的期待,才能在全新的历史条件和时代背景下开创新的未来,书写社会主义建设新篇章。

二、坚持维护党中央权威和集中统一领导

坚持和发展社会主义必须坚决维护党中央权威和党中央集中统一领导。建设社会主义不是一蹴而就的,而是需要人们的长期持续努力才可能实现的历史任务,在新时代坚持和发展社会主义,高举习近平新时代社会主义思想伟大旗帜,面临着全新的挑战、风险、阻力,因此必须有一个坚强有力的领导集体和全党的核心,并坚决维护这个领导核心,这是至关重要的。坚强的领导核心,是一个先进政党统一意志、统一行动的根本前提,是保持强大向心力、凝聚力、战斗力的灵魂和中枢。习近平新时代社会主义思想之所以是新时代,就是它肩负了新的历史使命。这个指导思想不是只指导这一段,不是就事论事的,它是作为我们党以后实现目标的指导思想,所以这是具有重大意义的。中国要想实现长治久安,真正朝着社会主义、朝着未来共产主义方向不断迈进,这三个环节一个也不能少:坚持党的领导,坚持全面从严治党,治党永远在路上;有坚强的党的领导人;有正确的路线思想,现在我们明确地把习近平新时代社会主义思想作为党的指导思想写入党章,这是很重要的保证。

党的十九大把"坚定维护以习近平同志为核心的党中央权威和集中统一领导"写入党章,是继十八届六中全会明确习近平同志为党中央的核心、全党的核心后又一重大决定。在新时代坚持和发展社会主义必须坚定维护以习近平同志为核心的党中央权威和集中统一领导,只有这样才能保证党、国家和民族沿着正确的方向发展。

高举习近平社会主义思想旗帜,要求我们必须坚定维护习近平总书记在党中央和全党的核心地位,这是关乎党和国家发展的重大政治原则问题,不论在什么样的背景下都要坚定毫不动摇,任何时候都不能出现偏差。落实十九大报告精神,必须把坚决维护习近平同志在党中央和全党的核心地位作为根本所在,切实做

到在思想上高度信赖核心,感情上衷心爱戴核心,政治上坚决维护核心,组织上自觉服从核心,行动上始终紧跟核心,使维护核心成为思想自觉和实际行动。

三、保证社会主义事业始终沿着正确方向前进

在新时代建设社会主义,党和人民面临全新的历史课题。我们要明确是否坚定不移地高举习近平新时代社会主义思想旗帜,明确高举这面旗帜的正确方向,这是关乎党和国家发展的重大政治原则问题。对于在中国这样一个有着 14 亿人口的大国执政、面对十分复杂的国内外环境、肩负着繁重的执政使命的中国共产党来说,如果没有统一的马克思主义思想的指导、没有共同的价值追求与强烈的民族精神和时代精神,就会导致人心涣散、社会混乱、国家分裂、备受屈辱。在当前社会主义新时代,我们党要更加坚定地高举马克思主义旗帜,高举习近平新时代社会主义思想旗帜。政治定力源于理论定力,必须紧跟党的理论创新步伐,用习近平新时代社会主义思想武装全党,进一步夯实思想根基,坚定理想信念,坚持正确政治方向,团结带领人民不断书写改革开放历史新篇章。

我们党和人民事业发展要坚定不移地以马克思主义为指导思想,这是促使我们事业兴旺发达的重要根本和养分,是指导我们党和人民不断奋进的重要思想力量源泉。马克思主义作为理论旗帜,始终是引导社会主义事业前进的灵魂。马克思主义是今天战胜各种风险和困难的有力支撑,对于我们具有重要的现实意义。实践表明,中国革命、建设、改革的历史,就是一部始终高举马克思主义中国化旗帜的历史。当前我们要实现的中华民族伟大复兴,是一项前无古人的伟大事业,更需要旗帜的引领作用,更要坚定不移地高举社会主义伟大旗帜。形势越是复杂化,社会越是多样化,就越需要指导思想的一元化。我们党是一个具有高度政治自觉和理论自觉的马克思主义政党,在社会主义事业发展的

每一个新阶段,都会将党的指导思想的最新发展高高举起。高举习近平新时代社会主义思想伟大旗帜,不断引导社会主义事业前进,是历史发展的客观要求。

四、坚定社会主义文化自信

社会主义必须坚定文化自信,这是对于自己民族的根本自信,是推动我国在国际社会上不断提升地位的重要保障。只有坚定文化自信,推动社会主义文化的繁荣,才能有力推动社会主义建设的发展。习近平总书记在党的十九大报告中指出:"文化是一个国家、一个民族的灵魂。文化兴国运兴,文化强民族强。没有高度的文化自信,没有文化的繁荣兴盛,就没有中华民族伟大复兴。要坚持社会主义文化发展道路,激发全民族文化创新创造活力,建设社会主义文化强国。"社会主义文化是我们党和人民在继承中华优秀传统文化、弘扬革命文化和建设社会主义先进文化的历史进程中,进行文化建设、文化积累和文化提升的历史性成果。社会主义文化以中华优秀传统文化为根基,以马克思主义为指导,以社会主义核心价值观为灵魂,以社会主义先进文化为主体内容和本质特征,是提升中国自信、实现中国梦的根本精神动力。

坚定文化自信,要求我们要根植于中国具体实际,不断吸收外来优秀文化,同时还要积极面向未来。面对各种思潮相互碰撞、价值观念多元并存的新形势,我们要弘扬社会主义核心价值观,弘扬以爱国主义为核心的民族精神和以改革创新为核心的时代精神,增强文化自信和价值观自信,引领全体人民不忘初心、继续前进,为实现中华民族伟大复兴中国梦不懈奋斗,让中华民族以更加坚定的"四个自信"屹立于世界民族之林。

第二节　生态文明建设的物质基础

在实践中,人们在改造客观物质世界,对物质生产、交换、分配、消费等一系列经济活动,以及积累物质财富、形成正向经济价值取向和制度成果,推动经济社会有序发展的总和的规范管理,就是指的经济建设。正确认识和处理好物质文明与生态文明、物质财富与生态财富、金山银山与绿水青山的关系,是建设生态文明、实现美丽中国梦的重要课题。建设资源节约型社会和环境友好型社会,是我国当前根据社会现状制定的生态文明建设的战略任务。建设"两型社会"是为了实现人、社会与自然的和谐统一发展,在保证经济增长的同时保护环境,建立与生态环境之间的良好关系。

一、建设资源节约型社会

(一)提倡清洁生产,发展循环经济

发展循环经济是缓解资源约束矛盾的根本所在。我国地大物博,资源总量较大,但是我国人口规模大,人均资源占有量少。我国经济快速稳定增长,随着工业化和城镇化进程的加快,以及为了实现全面建设小康社会这个目标做出的努力,资源消耗也迅速增加。如果还采用传统的经济发展模式,依靠大量的能源消耗来实现建设工业化和现代化社会是不符合实际的。发展循环经济,可以减缓经济增长对资源利用造成的压力,有效地推进资源节约型社会的建设。

发展循环经济是减轻环境污染的有效途径。目前,我国自然生态环境的恶化并没有得到显著的扭转,环境污染的情况依旧十分严重。对自然生态环境造成污染的原因与资源利用的水平有十分密切的关联,粗放型的经济增长方式也是造成环境污染的重

要因素。大力发展循环经济,推广和普及清洁生产,可以很大程度上降低经济发展对自然资源的需求程度,减少对生态环境影响的程度,这样可以从根本上解决经济发展与环境保护之间的冲突。

（二）加强宣传教育,提高公民的节能意识,增强节约资源的自觉性

建设资源节约型社会涉及整个社会,社会中的各个行业和领域都与之相关,想要实现这个目标就需要个人、企业、政府和社会各界的积极支持、共同努力。社会中的每个个体都对建设资源节约型社会具有重要作用,同时他们也需要承担相应的责任。在建设节约型社会时,应该充分利用各种媒体和手段,一方面直接将这些资源应用在节约型社会的建设中,另一方面利用这些资源开展相关方面的宣传教育,使社会中的各方成员意识到建设资源节约型社会的重要性,在整个社会范围内树立节约发展的新观念、新思维。

通过形式多样的方法对节能环保的重要意义进行宣传,不断增强全民资源忧患意识和节约意识。倡导能源节约文化,努力形成健康、文明、节约的消费模式。将资源和能源的节约融入各级教育中,通过各媒体进行宣传,动员社会各界广泛参与。

二、建设环境友好型社会

（一）推进绿色发展

绿色发展之路现在已经是全球范围内公认的正确的发展模式,绿色发展之路重视经济发展与保护环境的统一与协调,也就是积极的、以人为本的可持续发展之路。绿色发展,一方面要求要对资源和能源的利用方式进行改善和优化,另一方面要求对自然生态系统进行保护,目的在于实现人与自然的和谐共处、共同发展。

（二）推进低碳发展

1. 走低碳发展之路，是一项既紧迫而又需要长期不懈努力的艰巨任务

发展理念是决定发展路径的关键，随着时间推移，不同的发展路径带来的发展成果之间的差距会越来越明显。所以，应该确定正确的发展观念，选择合适的发展路径，放眼未来，脚踏实地，要着眼于发展模式的转变，从高消耗、高排放的资源依赖型转化为具有低碳清洁特征的技术创新型。按照当前的实际情况，我国不可能采用发达国家那种以高消耗、高排放为支撑的发展路径，而是需要实现跨越式发展，这就要求我国在发展工业化的同时，向生态文明的方向发展，探索出全新的低碳发展之路。低碳发展之路可以统筹可持续发展和碳排放控制，是适合我国当今发展目标的有效路径和优质选择。不同的发展阶段，在气候变化、碳排放等方面需要承担的义务、需要实现的目标、需要关注的重点都有所不同。

2. 走低碳发展道路是我国现实的必然选择

从我国发展低碳经济的需求来看，发展低碳技术一方面可以适应气候变化提出的需求，另一方面是保障能源供应安全、建设资源节约和环境友好型社会和建设生态文明的需要，同时也是贯彻落实科学发展观、实践可持续发展的必然选择。

第三节　生态文明建设的制度保障

生态文明是构建和谐社会的必然要求。一个社会的生产方式和生活方式直接受意识形态的影响，而意识形态的产生缘于整体社会文明的影响。构建社会主义和谐社会，就必须建设较高水平的生态文明。建设生态文明是建设和谐社会理念在生态与经济发展方面的升华,不仅对中国自身发展具有重大而深远的影响,而且对维护全球生态安全具有重要意义,充分体现了中国共产党对生态建设的高度重视和对全球生态问题高度负责的精神。

一、坚持社会主义基本制度是生态文明建设的首要前提

我们在分析资本主义生态危机的过程中,发现生态危机与资本主义制度之间的关联性,认为资本主义制度是产生生态危机的最重要的制度根源,由于资本主义制度本身无法克服的矛盾,决定了生态危机在资本主义社会中是不可能得到彻底解决的,要解决生态危机问题,只能寻求一种可以克服资本主义制度缺点的新的社会制度来取代。社会主义是人类社会发展的高级社会形态,它优越于资本主义制度,从资本主义发展到社会主义是人类历史发展的必然。在资本主义社会中很多具有远见卓识的人士也提出了治理环境污染、保护环境的措施,但是治标不治本,不对资本主义制度进行彻底的革命性变革,就不可能真正解决生态危机问题。虽然社会主义也产生了一系列的生态问题,但是,由于社会主义制度的优越性以及这一制度本身的特点,决定了它有条件、有能力去真正解决这一问题,我们提出建设社会主义生态文明就是对这一问题的反应。社会主义生态文明建设只有在社会主义制度框架内,才能够充分发挥其真正的实力。当然,就目前来讲,坚持社会主义基本制度主要涉及坚持社会主义的基本的经济制度,坚持社会主义的基本的政治制度两个方面的内容。

（一）坚持以公有制为主体、多种所有制共同发展的经济制度

公有制经济和非公有制经济是一个有机整体,它们都是社会主义初级阶段基本经济制度的构成内容。建设生态文明,坚持社会主义基本经济制度的依据在于以下几点。

第一,公有制是社会主义经济制度的基础,也是社会主义生

产关系的本质特征。从本质上讲,公有制经济的存在和发展是社会化大生产的必然要求,反映了生产力的发展水平和社会的发展趋势。公有制经济在国民经济中占据主导地位这一点是不能够动摇的,只有坚持公有制的主体地位,才有利于从制度层面克服生态危机,巩固和发展社会主义制度。一旦公有制经济的主体地位消失,取而代之的必然是非公有制经济占主体地位,社会主义经济与资本主义经济的本质区别也就消失了。那时不但无法减少生态危机的威胁,反而会加剧生态危机。

第二,我国的生产力水平不是单一的,而是多层次的。生产力决定生产关系,生产关系要适合生产力,这是客观规律。我国生产力水平的多层次性和不平衡特点,决定了必须有多种所有制经济与之相适应。实践证明,所有制经济的发展水平不同,与其相适应的生产力水平也必定不同,当二者不相适应时,必然会阻碍和束缚生产力的发展。我们还处在社会主义初级阶段,这一阶段的公有制经济是不成熟的经济形式,它不能解决经济社会发展的所有问题。非公有制在繁荣市场经济、吸纳就业、优化市场资源配置、改善生态环境、发展高新技术等方面都发挥着重要作用,这就需要我们发展并完善多种所有制经济体制,促进社会主义经济的发展。

第三,在建设生态文明过程中,"三个有利于"标准同样具有借鉴意义。一切有利于发展社会主义社会的生态生产力的所有制形式,有利于增强社会主义国家的综合国力和可持续发展能力的所有制形式,有利于提高人民的生活水平和生活质量的所有制形式,在建设生态文明过程中都必须坚持,而且应该用来为社会主义经济发展服务。那种认为在社会主义社会不能发展非公有制经济,在发展社会主义经济过程中没必要考虑生态因素的主张和做法,都是不符合社会主义初级阶段的实际情况的。

（二）坚持人民当家做主的社会主义政治制度

我国是工人阶级领导的、以工农联盟为基础的人民民主专政的社会主义国家。我国的政治制度与历史上剥削阶级性质的政治制度有着本质不同,它是由广大人民掌握政权,并按照民主集中制原则建立起来的政治制度。它是一种新型的民主,即占人口最大多数的劳动人民享有的民主。国家的一切权力属于人民,人民代表大会制度是国家的根本政治制度。行政机关、审判机关、检察机关都由人民代表大会产生,并对它负责,受它监督。此外,中国共产党领导的多党合作和政治协商制度、民族区域自治制度以及基层民主自治制度等为人民当家做主的实现提供了保障。

二、改革社会主义具体制度是生态文明建设的体制保障

社会主义生态文明建设需要一系列完善的社会主义具体制度与之相适应,并作为其体制保障长期存在,离开这些具体制度,社会主义生态文明建设就会因为失去了保障而流于形式或者失去应有的效用。这些具体制度主要包括社会主义市场经济体制的完善,这是目前我们国家在加快经济社会发展过程中遇到的难题,也是实现全面建成小康社会必然要达到的目标。

(一)完善社会主义市场经济体制

目前,我国正处于由传统的计划经济向社会主义市场经济的过渡阶段。改革开放以来,虽然我国在经济社会发展方面取得了很大成就,但也出现了许多问题。在人与自然关系上,主要表现为对自然资源的掠夺及污染。为了克服经济发展带来的生态问题,我们必须不断完善社会主义的市场经济体制,充分发挥社会主义市场经济的特点和优势。为此,就要妥善处理好以下方面的关系。

1. 计划和市场

市场作为经济调节的手段,无论多么完善,它的功能总是有限的,市场经济具有自身无法克服的自发性、滞后性、盲目性,我

们不可能指望仅仅依靠市场去解决所有的生态问题。当市场的"无形之手"失去其有效功能时,政府应该用"有形之手"来进行有效调节,实现环境问题的最优化。但政府与市场的"联姻"是实现环境问题的必要条件,而不是充分条件。也就是说,由于政府特殊的利益需求和有限理性,在环境污染与破坏问题上,政府的干预有时也难以奏效,甚至适得其反,出现政府功能失灵。我国在这方面的教训是沉痛而深刻的:20世纪50—70年代政府决策的失误导致了严重的生态问题及人口问题。如果没有"大跃进""大炼钢铁"等方面决策的失误,我国的沙漠化和沙尘暴现象就不会越来越严重。由于政府政策的失误和发展观念的偏差,所造成的环境损失是无法用数学概念来衡量的,而这些损失是长期的、持久的,甚至难以弥补的。

我国之所以面临如此严重的环境问题,是与经济发展的战略布局和结构脱不了干系的。我国GDP指标的主力是造纸、电力、化工等产业,而这些产业无一例外的是"三高一低"行业。即便是上了一些新项目,但由于布局不合理,拥挤严重,超出了环境的承载能力,从而抹杀了单个项目的环保性或合理性。一些城市由于地表水资源的紧张,转而大量地抽取地下水,忽略生态环境的承载能力,致使许多地方出现地面下沉、地面裂缝等问题,这些环境问题的出现,都是重经济社会发展,轻资源环境保护的结果,没有了合理的发展规划指导,人们的行动往往会带有很大的盲目性和破坏性。所以,我们要根据人口、资源、环境、经济的容量,制定合理的地区发展规划及相应的经济发展目标,才能不给我们的生态问题雪上加霜,才能实现经济、社会、自然的持续发展。

我国经济社会的可持续发展,取决于循环经济的建设,取决于我们新能源战略的发展。新能源在一些国家中发展迅速,并取得了较大成绩,而我国在这方面却远远低于发达国家的发展水平,甚至也落后于印度、巴西。所以,我们应该坚持综合决策的基本原则,一方面健全环境影响评价体系,另一方面推广可持续发展的指标体系,以建立覆盖全社会的资源循环利用机制。这样,在体制和机制的不断创新和发展中,从根本上解决危害人民身心健康和社会发展的环境问题。

2. 效率与公平

完善社会主义市场经济体制,克服片面追求经济增长的效率观。在由计划经济向社会主义市场经济的转型过程中,如何处理好公平与效率的关系问题成为影响经济社会的重大问题。改革开放以来,为了克服计划经济体制中平均主义和"大锅饭"现象带来的弊端,我们提出了"效率优先,兼顾公平"的原则。但这一原则的实施与提出的初衷并没有完全吻合,而是带来了新的问题。在一些地方或部门,效率优先变成了效率唯一,兼顾公平变成了难顾公平,经济发展成为一种直线且片面的增长。人们过度追求经济效率,满足数量扩张的需要,以便在市场竞争中站稳脚跟,实现利润的最大化。在这种情况下,人异化为经济动物,为了满足自身的各种需要,践踏社会的公平正义,破坏自然界的生态平衡,造成了社会阶层分化和环境恶化等一系列的不和谐现象。这种 GDP 至上思想产生了不良后果,它使经济发展蜕变成了剥削劳动力与自然资源的野蛮的恶性竞争。

生态问题是影响社会稳定和社会安全的重要因素。人和自然之间冲突和矛盾的背后实际上是社会问题(社会原因)使然。在我国经济社会的发展过程中,由于对土地开发利用的不可持续性,导致了人与土地之间关系的紧张。中国的土壤状况不容乐观,严重影响着人民群众的生产、生活,也成为环境群体性事件的重要诱因。据调查,目前因征地引发的农村群体性事件已占全国农村群体性事件的 65% 以上。

在这个意义上,解决生态环境问题的方式和方法反映着一个社会的文明程度。可见,人与自然关系的不和谐,往往会影响人与人的关系、人与社会的关系。这样,就要求将生态环境问题上升到民生的社会的高度来看待。一段时期以来,频频发生的矿难事故、食品药品安全事故、环境安全事故涉及了人民群众的生产、生活与环境等诸多方面。如果不能够引起足够重视,并采取切实有效的措施加以治理,问题将会进一步激化。

(二)完善生态环境方面的法律法规体系

第一,从宪法的高度加以确立。生态文明是关系到社会的发展兴衰、人类生死存亡的文明形态,理应与物质文明、政治文明、精神文明、社会文明并驾齐驱,对上述这五种文明形式,作为根本大法的宪法应予以确认并固定。在时代发展和现实需要的前提下,把"生态文明"写入根本大法的时机已趋于成熟。宪法是一个国家法律体系的根基,坚持尊重人类的基本理念。我们将生态文明作为宪法的目标之一,主要是为了实现公共利益的最大化,真正代表广大人民的根本利益,确保人类更好地生存和发展。在培养公众的环境意识,制定可持续发展战略,统领自然、经济、社会的发展方面,宪法具有十分重要的作用,它可以促使与环境资源保护相关的法律朝着生态化的方向发展。为了更好地建设生态文明,我们应该在国家的根本大法中,明确生态文明的应有地位,也只有如此,才能够为我国环境法律体系的完善和实施奠定坚实的基础。

只有在宪法体系中占据一席之地,生态文明建设才能够更好地融入国家的立法体系中,才能够用生态规律全面指导立法。自然生态系统是一个完整整体,系统中的各组成部分是相互影响、互相制约的,其中一部分的改变可能会影响到系统的其他方面,甚至是整个生态系统,牵一发而动全身。在这种情况下,我们在认识和改造自然的过程中,就要对自身的行为给周围环境带来的影响进行全面评估,环境影响评估的正常进行需要环境立法的保障和支持。所以,确立生态文明的价值理念,对于全面有效地发挥环境法律体系的作用,科学合理地评估人类行为及其影响具有十分重要的意义。

第二,加强基本法律的建设。生态文明的法制化建设需要环境保护方面法规政策的健全和导向作用的充分发挥,使资源节约和环境保护逐步走上法治化轨道。马克思主义告诉我们,要一切从实际出发,根据已经变化了的客观实际情况调整自己的对策。根据目前状况,我们应该及时修订原有的法律,制定新的法律法规,出台相关政策,形成完备的与生态文明建设相适应的法律体系。同时,也要不断完善执法机制,坚持依法行政,有法必依、违法必究,维护环境法治的尊严。为实现科学发展、和谐发展,我国各级政府部门正积极加强人口资源环境方面的有关法律法规的修改工作,在法律层面上为生态文明建设提供法律保障。我国应当制定一部《中华人民共和国环境政策法》,新的政策法要体现生态文明发展的基本理念。我国已有的《环境保护法》中有关防治污染的内容应该被纳入《环境政策法》之中,同时《环境政策法》中要增加自然生态资源保护方面的基本内容、基本原则和基本制度,使它能够真正成为治理污染和保护生态的综合性法律法规,并为其他专门性立法提供立法基础,真正在人们的生产、生活中落实环境保护这项基本国策。

市场在资源配置中的基础性调节作用,需要从制度上加以确认和保障,以建立起人与自然相互协调,经济、社会、生态之间相互促进的良性循环机制。必须按照"开发者保护、破坏者恢复、受益者补偿"的原则,综合运用价格、金融、财税等经济手段,发展社会主义市场经济,一改过去那种资源低价和环境无价的不合理认识,形成科学合理的生态环境补偿机制、使用权交易机制等,使经济与环境、发展与保护之间的矛盾最小,状态最合理。建立和完善新的价格形成机制,充分反映市场的供求、资源的稀缺与环境的损害程度,使资源能够更加有效地使用;制定和完善支持节能减排、减少污染的财政税收政策;加快完善生态方面的投融资体制,吸纳社会游资,积极利用外资,使市场能够更好地调节和配置能源资源,形成市场化、社会化运作的多管齐下、勠力合作的格局。

第四节　中国生态文明体系建设的责任底线

习近平同志指出："良好的生态环境是人民美好生活的重要组成部分,也是我们发展要实现的重要目标。"清新的空气、优美的环境和健康的食品是人民幸福的基本条件,生态环境恶化危害人民群众的身体健康,威胁人类的生存。随着经济社会的快速发展、生活条件的日益改善和生活质量的不断提高,人民群众对良好生态环境的期盼越来越强烈,要求也越来越高,从"求生存"到"求生态",从"盼温饱"到"盼环保"。习近平同志指出："环境治理是一个系统工程,必须作为重大民生实事紧紧抓在手上。"这既是对人民群众生态需求的准确认识,也是对以保障人民的生存权和发展权为重要内容的社会民生建设提出的新要求。

一、环境治理必须作为重大民生实事紧紧抓在手上

党执政为民的最终目标就是要使人民群众过上幸福美好的生活。习近平同志指出："人民群众对清新空气、清澈水质、清洁环境等生态产品的需求越来越迫切,生态环境越来越珍贵。我们必须顺应人民群众对良好生态环境的期待,推动形成绿色低碳循环发展的新方式,并从中创造新的增长点。"为此,必须加快推进生态文明建设,着力解决好经济社会发展中的环境问题,着力改善民生,使人民群众拥有更优质的水源、更清新的空气、更放心的食品、更舒适的居住条件、更优美的环境、更幸福的生活。

(一)形成人与环境和谐共存的良好局面

习近平同志指出："要实现经济发展和民生改善良性循环。只有实现了这两方面的良性循环,才能实现人与人、人与经济活动、人与环境和谐共存的良好局面,从而让老百姓真正感受到我

国民生改善的红利。"这一论述充分道出了经济发展、民生改善和环境治理间的统一关系。经济发展、民生改善必须统一到良好的生态环境上来，只有实现了人与环境的和谐共存，才能彻底实现环境的民生效益。

毋庸置疑，环境问题首先是一个经济问题。在有限的资源和环境中，以牺牲生态环境为代价的经济增长是不可持续的，是竭泽而渔的行为，环境恶化带来的治理代价和修复成本会增加经济增长的成本和负担。与此同时，环境问题还是一个社会问题。生态环境保护关乎社会的和谐稳定。随着经济发展和人民生活水平不断提高，环境问题往往最容易引起群众不满，弄得不好也往往最容易引发群体性事件。环境问题之所以受到越来越多的关注，主要是因为生态环境恶化直接影响人民群众的生命健康。同时，环境污染影响的广泛性和长期性很容易影响大范围的群众，导致他们对未来生存环境的担忧，进而引发群体性事件。我们党提出将"和谐社会"作为执政的战略任务，"和谐"的理念要成为建设社会主义过程中的价值取向，人与自然和谐相处是其主要内容。

和谐就是矛盾着的双方在一定条件下达到统一而出现的状态。在这种状态下的社会，应该呈现自然界内部、人与人、人与社会、人与自然之间以及社会内部诸要素之间均衡、稳定、有序，相互依存、共生共荣的局面。人与自然的关系标志着人类文明与自然演化的相互影响及其结果，人类的生存与发展依赖于自然。同时，人类的生活和生产活动会影响到自然的状态、结构、功能及其演化。人与自然的协调与和谐不仅是人类生存与发展的基础，社会的全面发展也必须在人与自然的协调与和谐中得以实现。

构建社会主义和谐社会，实现人与自然的和谐发展非常重要和紧迫。习近平同志对和谐社会进行了勾画："琴瑟和鸣，黄钟大吕，这是音律的和谐；青山绿水，山峦峰谷，这是自然的和谐；天有其时，地有其财，人有其治，天人合一，这是人与自然的和谐；尊老爱幼，夫妻和睦，邻里团结，谅解宽容，与人为善，这是人与人之间的和谐；社会各阶层平等和谐，兼容而不冲突、协作而不对立、制衡而不掣肘、有序而不混乱，这是社会分工和社会内部的和谐。"这种人与自然和谐共生、人与环境和谐共存的良好局面正是社会主义建设的题中应有之义。

调节人与自然的关系，本质上就是调节人与人的社会关系。人与自然和谐相处是党对经济社会发展道路深刻反思后得出的科学认识，它既是和谐社会的基本特征之一，也是构建和谐社会的基础。我国现阶段的主要矛盾已转为人民日益增长的美好生活需要和不平衡不充分的发展之间的矛盾。由于传统经济发展方式的不可持续性，生态环境、自然资源和经济社会发展的矛盾日益突出，这一社会主要矛盾越来越多地演化为牺牲环境追求经济发展的生态问题。"离开科学发展，经济粗放式增长，资源过度消耗和环境遭到破坏，地区和社会差距过大，不仅难以实现社会和谐，而且已有的和谐状态最终也会消失。"习近平同志要求，"我们要构建的社会主义和谐社会，是科学发展观统领下的经济、政治、文化、社会建设协调发展的社会，是人与人、人与社会、人与自然整体和谐的社会，也是科学发展、和谐发展的社会。"要以解决人民群众最关心、最直接、最现实的利益问题为重点，适应社会结构和利益格局的发展变化，统筹协调各方利益关系，完善和落实为民办实事的长效机制，使构建和谐社会的成效真正体现到为群众排忧解难上来，体现到实现和维护群众的切身利益上来，让广大群众实实在在地感受到构建和谐社会所带来的新气象、新变化和新实惠，使和谐社会建设兼顾各方利益、照顾各方关切，真正得到人民的拥护支持，形成促进和谐社会人人有责、和谐社会人人共享的生动局面。

环境问题还是一个政治问题。习近平同志指出："我们不能把加强生态文明建设、加强生态环境保护、提倡绿色低碳生活方式等仅仅作为经济问题。这里面有很大的政治。"中国共产党是社会主义事业的领导核心，代表着广大人民的根本利益。时代在发展，社会在变迁，人民群众的需求在哪里、最需要解决的问题是什么,仍然是我们党最关心的问题。坚持全心全意为人民服务的宗旨,是党的最高价值取向。实现人民的利益,得到广大人民群众的拥护,是衡量党的路线、方针和政策是否正确的最高标准。面对人民群众对良好生态环境的期待和诉求,我们党秉持全心全意为人民服务的宗旨,从增强党的执政能力、巩固党的执政基础的高度,从解决社会主义初级阶段主要矛盾的高度,在更好提供物质文化产品的同时,更多地向人民群众提供生态产品。当前的一项重要任务,就是着力解决损害群众健康的突出问题,围绕治水、护林、净气、保土、降污等重点工程,打一场攻坚战、持久战,努力形成人与环境和谐共生的良好局面。

(二)让人民群众在优美的环境中生产生活

较长时期以来,一些地方的环境还在恶化,大气、水、重金属污染加剧,影响和损害人民群众的健康,生态环境、自然资源和经济社会发展的矛盾日益突出。习近平同志指出:"改善环境质量,解决损害群众健康突出环境问题,切实维护人民群众的环境权益,把良好的环境作为公共产品来提供,让群众喝上干净的水,呼吸新鲜的空气,吃上放心的食物,是各级政府的重要职责之一。"要"让良好的生态环境成为人民生活质量的增长点"。

习近平同志指出:"空气质量直接关系到广大群众的幸福感。"目前,我国多地雾霾天气频发,社会反应强烈,已经影响了人民群众的生活质量。"呼吸新鲜的空气"直接关系到人民群众的健康和生命,这是一个最基本的诉求。我国政府一直在积极地运用财政和行政手段治理大气污染,取得了积极的成效,但环境整体上恶化的趋势未能得到有效遏制。日益增长的能源需求、机动车数量以及工业的迅速扩张是导致空气质量严重恶化的三大根源。在局部地区,空气污染物相互作用,与来自附近城市和工业区的工业废气相互影响,成为空气污染比较严重的区域。随着雾霾和酸雨发生的频率增加,这些区域的环境质量总体在下降。习近平同志要求有关地区和部门立军令状,立行立改,不能把雾霾当成茶余饭后的谈资,一笑了之,一谈了之,充分显示了中央治理空气污染的坚定决心。让人民群众"呼吸新鲜的空气",必须改变当前的能源结构,减少对化石燃料的使用,积极发展清洁能源,还要积极引导消费方式的转变,倡导低碳出行、低碳消费。

二、构建人与自然和谐相伴的生态文化

习近平同志强调"在全社会确立起追求人与自然和谐相处的生态价值观",并从不同角度论述了构建生态文化的重要意义、遵循原则和建设内容,要求构建人与自然和谐相伴的生态文化,充分发挥文化育和谐的功能;倡导绿色生活方式,发扬中华优秀生态文化的传统,要求"坚持古为今用、推陈出新,努力实现中华传统美德的创造性转化、创新性发展";要求坚持知行合一,将生态文化建设与生态行为的落实紧密结合。习近平同志关于生态文化建设的重要论述,为我们建设内化于心、外化为行的生态文明指明了方向。

习近平同志多次强调在全社会牢固树立尊重自然、顺应自然、保护自然的生态文明理念,深刻指出生态文明建设"既是经济增长方式的转变,更是思想观念的一场深刻变革"。

习近平同志要求"进一步强化生态文明观念,努力形成尊重自然、热爱自然、善待自然的良好氛围"。这为我们正确认识人与自然的统一性、树立尊重自然的理念提供了思想指南。

(一)深刻认识自然是人类生存的空间

马克思指出:"全部人类历史的第一个前提无疑是有生命的个人的存在。因此,第一个需要确认的事实就是这些个人的肉体组织以及由此产生的个人对其他自然的关系。"习近平同志继承马克思关于个人与自然关系的学说,强调要"进一步树立生态意识,深刻认识自然是人类生存的空间,是人类创造生活的舞台",表明人类的形成与发展既是人类认识和改造自然的过程,也是自

然改造人类的过程。正如恩格斯所言，"人本身是自然界的产物，是在自己所处的环境中并且和这个环境一起发展起来的"。

自然是人类生存的空间这一论断，强调了自然对人类生存的重要性。从人类的历史来看，自然为人类的生存和发展提供了物质基础。现有考古成果和人类学研究表明，最早的人类出现在200多万年前，经过100多万年的进化后，现代智人才最终出现。早期的人类，由于生产力水平低下，主要以采摘野果和渔猎为生，人类生存所需都来自自然。如果没有这些自然物，最初的人类就无法生存，更不必说后来的发展了。在人类改造自然的能力提高之后，人类对自然的依赖并没有降低。

在农耕社会，人们生存所需要的粮食主要依靠良好的土地和适宜的自然环境，一旦土地肥力下降，或自然环境改变，都会对人类生存造成极大的影响。从当代世界的发展来看，尽管科技取得了巨大进步，自然是人类社会发展的物质基础这一命题始终没变。不必说人离开了水和空气不能生存，也不必说气候变暖造成世界粮食生产的危机，单单是近年发生在部分地区的雾霾，就已经给我们的生活和发展带来了巨大的困扰。人类生存的环境只有一个，破坏了就很难修复，人类发展所需的一切，都来源于自然，我们必须对自然怀有敬畏之心，给予自然足够的尊重。

（二）人类要尊重自然承载的限度

习近平同志强调，人的需求的无限性与资源的有限性之间的矛盾是人类生存的永恒矛盾，由此，节约资源、实现资源的循环利用就成为人类社会发展的永恒主题。习近平同志把尊重自然承载的限度与人类社会的永续发展结合起来，是对自然规律的尊重。人类社会的发展，是以对自然资源的利用为基础的，但这种利用一定要有限度。如果超过自然的限度，自然资源的利用不可持续，人类的发展也会陷入困境。恩格斯曾指出："我们不要过分陶醉于我们对自然界的胜利。对于每一次这样的胜利，自然界都报复了我们。"一些地方对资源的掠夺性开发，使生态环境恶化，环境问题日益显现。如果不尊重自然承载的限度,不仅会造成生态危机,也会造成社会、文化和价值危机。

尊重自然承载的限度,也包括人类的废弃物排放要谨慎、适度。自然生态系统的承载能力是有限度的,这不仅表现在资源是有限的,也表现在其对各种污染物的消化能力是有限的。随意排放各种污染物,会使自然的循环更新能力遭到破坏,生态系统也会面临毁灭。

树立尊重自然的理念,就是要从人的主体性去理解自然。人类文明创造活动要尊重生态系统的基本规律,开发资源以满足生存为需要,排放污染物时要谨慎、明智,尊重自然的限度。从人与自然的关系来看,尊重自然绝不是就生态谈生态,也不能就环境谈环境,而是人与自然关系的重塑,这种重塑绝不是以往的环境污染整治所表现出来的头痛医头、脚痛医脚的治理模式,而是要在人们的观念体系上建立与自然和谐相处的理念,在新的理念下实现生态治理体系的现代化。

(三)以人与自然和谐统一的观点来认识事物

习近平同志认为,要做到人对自然尊重,就必须站在哲学的高度去反思。他说,中国自古以来就有"天人合一"的古老哲学命题,强调人与自然和谐统一,习惯于以人为出发点及落脚点来认识事物,中国哲学以"主—客—主"的思维框架为基础,与西方哲学"人—物"的思维框架和认识路线明显不同。只有摒弃"人—物"对立的思维框架,以人与自然和谐的观点认识事物,才能努力实现人与自然的和谐统一。

第八章 生态文明建设的机遇与优势

在新的时代发展条件下,生态文明建设引起了党和国家的高度重视,国家制定了多项措施来发展生态文明。毋庸置疑,当前,生态文明建设既面临着难得的机遇,同时也面临着一定的挑战。只有对我国所面临的机遇以及挑战进行深入分析,把握机遇,迎接挑战,才能真正实现生态文明的建设与发展。为此,本章就来详细探讨生态文明在建设过程中所具有的机遇与优势。

第一节 中国生态文明建设面临的挑战

生态问题是人类社会必须高度关注的一个重大问题,建设生态文明、保护生态环境,是当代中国一项重大而紧迫的任务。在经历了近 30 年的经济高速增长后,我们取得了举世瞩目的成就,14 亿中国人的生活正逐渐走向富裕,同时,我国的生态问题也面临着严峻的挑战。历史经验告诉我们,生态兴则文明兴,生态衰则文明衰,建设生态文明,关系到中国经济社会的和谐发展,决定着中国经济发展的可持续性,建设生态文明关系到中国的前途命运,影响着中国的现在,决定着中国的未来。

新中国成立 70 载、改革开放 40 余年来,我国生态文明建设取得了很多成绩,环保立法逐步建立,环保实践逐渐开展,环保观念正在形成。1973 年,我国召开了第一次全国环境保护会议,由此环境保护被确立为政府的重要职能,成为由政府主导的社会实践运动;1983 年,保护环境被确立为我国必须长期坚持的一项基本国策,环境保护观念开始普及;2007 年,建设生态文明写进党的十七大报告,成为执政党治国理政的重要战略组成部分;2013 年,党的十八大报告进一步把生态文明建设纳入社会主义事业总体布局,这表明我国的生态文明建设正在加快推进的步伐。然而,由于各地经济发展水平的差异和中国发展阶段的制约,当前中国的生态文明建设仍然面临着重大的挑战。

一、环境污染加剧,环境形势严峻

环境污染(environment pollution)是指人类直接或间接地向环境排放超过其自净能力的物质或能量,从而使环境的质量降低,对人类的生存与发展、生态系统和财产造成不利影响的现象。具体包括:水污染、大气污染、噪声污染、放射性污染等。随着科学技术水平的发展和人民生活水平的提高,环境污染也在增加,特别是在发展中国家。环境污染问题越来越成为世界各个国家的共同课题之一。

从 1983 年起,我国政府宣布把环境保护列为一项基本国策,提出在经济发展过程中经济效益、社会效益和环境效益相统一的战略方针,40 年来我国政府一直在为治理环境而不懈努力,取得了显著的成就。尽管如此,我国的生态保护形势仍然不容乐观。目前,我国环境面临如下关键问题。

(一)大气污染问题

大气污染是指空气中污染物的浓度达到或超过了有害程度,导致破坏生态系统和人类的正常生存和发展,对人和生物造成危害,主要来自工厂、汽车、发电厂等放出的一氧化碳和硫化氢等。大气污染物对人体的危害是多方面的,表现为呼吸系统受损、生理机能障碍、消化系统紊乱、神经系统异常、智力下降、致癌、致残。比如,1952 年 12 月 5—8 日英国伦敦发生的煤烟雾事件死亡 4000 人,人们把这个灾难的烟雾称为"杀人的烟雾"。当前,我国的污染物排放总量较大，二氧化硫排放量居于世界首位，能源消费量和一氧化碳排放量均居世界第二位。大气污染是目前的第一大环境问题。

（二）垃圾处理问题

2007年，全国工业固体废物年产量达8.2亿吨，综合利用率仅为46%左右，全国城市生活垃圾年产量为1.4亿吨，其中达到无害化处理要求的不足10%，很多是不能焚化或腐化的塑料、橡胶和玻璃，塑料包装物和农膜导致的白色污染已蔓延至全国各地。

（三）旱灾和水灾问题

旱灾指因气候严酷或不正常的干旱而形成的气象灾害，一般指因土壤水分不足，农作物水分平衡遭到破坏而减产或歉收从而带来粮食问题，甚至引发饥荒。旱灾后则容易发生蝗灾，进而引发更严重的饥荒。水灾泛指洪水泛滥、暴雨积水和土壤水分过多对人类社会造成的灾害，一般所指的水灾以洪涝灾害为主。中国大部分国土属于亚热带季风气候区，降水量受海陆分布、地形等因素影响，在区域间、季节间和多年间分布很不均衡，因此旱灾发生的时期和程度有明显的地区分布特点。秦岭淮河以北地区春旱突出，黄淮海地区春夏连旱，甚至春夏秋连旱，西北大部分地区、东北地区西部常年受旱。与此形成鲜明对比，长江流域的水灾频率明显增加，500多年来，长江流域发生大洪水53次，特别是最近50年来，平均每三年发生一次大涝。水灾威胁人民生命安全，造成巨大财产损失，仅2010年1—8月，洪涝灾害造成全国2亿人受灾，1347万公顷农作物受灾，136万间房屋倒塌，因灾直接经济损失2752亿元。

（四）生物多样性破坏问题

生物多样性是指在一定时间和一定地区所有生物（动物、植物、微生物）物种及其遗传变异和生态系统的复杂性总称。由于自然资源的合理利用和生态环境的保护是人类实现可持续发展的基础,因此生物多样性的研究和保护已经成为世界各国普遍重视的一个问题。

1992 年,联合国环境与发展大会在巴西里约热内卢举行,包括中国在内的世界许多国家都派出代表团参加会议,大会通过了《生物多样性公约》,标志着世界范围内的自然保护工作进入到了一个新的阶段,即从以往对珍稀濒危物种的保护转入到了对生物多样性的保护。中国是生物多样性破坏较为严重的国家之一,高等植物濒危或接近濒危的物种达 4 000 ~ 5 000 种,约占中国拥有物种总数的 15% ~ 20%,高于世界 10% ~ 15% 的平均水平。在联合国 640 种世界濒危物种中,中国有 156 种,约占总数的四分之一,生物物种正以 100 ~ 1 000 倍的自然速率消失。中国滥捕乱杀野生动物和大量捕食野生动物的现象仍然十分严重,屡禁不止,生态安全受到严重影响。

（五）国际贸易与生态环境的问题

2001 年 12 月 11 日,中国正式加入 WTO,即世界贸易组织,成为其第 143 个成员。中国的"入世"也给中国带来了新的环境问题,一方面由于中国目前的环境标准普遍低于发达国家标准,中国的食品、机电、纺织、皮革、陶瓷、烟草、玩具、鞋业等行业的产品的出口受到国际"绿色贸易壁垒"的限制;另一方面由于国际市场对中国矿产、石材、中草药、农畜产品的大量需求,使这些行业盲目追求生产量而超过环境承受能力的资源过度开发,导致生态环境加速恶化。

因此,面对全球贸易快速增长的现实,较高福利受益者多为发达国家,而不是遭受生态环境损失的发展中国家。同时,中国也极有可能成为国外污染密集型企业转移的地点和工业废物"来料加工"的地点,这些都将极大地加大中国的生态环境问题。

（六）三峡工程的生态环境问题

三峡工程又称"三峡水电站"，位于中国重庆市市区到湖北省宜昌市之间的长江干流上，1992 年全国人民代表大会批准建设，1994 年正式动工兴建，2003 年开始蓄水发电，于 2012 年最后一台水电机组投产，成为世界上规模最大的水力发电站和清洁能源生产基地。由于三峡工程所引发的移民搬迁、环境等诸多问题，使它从开始筹建的那一刻起，便始终与巨大的争议相伴。

三峡工程对环境和生态的影响非常广，其中对库区的影响最直接和显著，对长江流域也存在重大影响。目前，三峡两岸城镇和游客排放的污水和生活垃圾，都未经处理直接排入长江，蓄水后由于水流静态化，污染物不能及时下泻而蓄积在水库中，造成了水质恶化和垃圾漂浮，极易引发传染病。同时，大批移民开垦荒地，加剧了水体污染并产生了水土流失现象，受到大坝的阻隔鱼类无法正常通过三峡，它们的生活习性和遗传等也会发生变异。

对此，国家和当地政府正大力兴建污水处理厂和垃圾填埋厂，甚至在必要时采取增加大坝下泻流量实现换水，以期解决工程对地质、水质等生态环境带来的污染问题，如何有效防治三峡库区污染成为当前摆在三峡建设后期的严峻课题，并因此成为世界瞩目的环境问题。

二、资源瓶颈日益突出，能源利用效率总体偏低

"资源"（resources）是指一个国家或一定地区内拥有的物力、财力、人力等各种物质要素的总称，分为自然资源和社会资源两大类。这里的资源特指自然资源，即自然环境中与人类社会发展有关的、能被利用来产生使用价值并影响劳动生产率的自然诸要素。联合国环境规划署定义为：在一定的时间、地点条件下，能够产生经济价值，以提高人类当前和未来福利的自然环境因素和条件。按照自然资源的属性，可划分为生物资源、农业资源、森

林资源、国土资源、矿产资源、海洋资源、气候资源、水资源等；按照自然资源的增值性能，可划分为可再生资源、可更新资源和不可再生资源。可再生资源可以反复利用，如气候资源、水资源、地热资源等；可更新资源可以生长繁殖，如生物资源，其更新速度取决于自身繁殖能力和外界环境条件，应有计划、有限制地开发利用；不可再生资源包括地质资源和半地质资源，前者如矿产资源，后者如土壤资源。不可再生资源由于受到形成周期漫长的限制，应尽可能综合利用，注意节约，避免浪费和破坏。从总体上看，自然资源具有可用性、整体性、变化性、空间分布不均匀性和区域性等特点，是人类生存和发展的物质基础和社会物质财富的源泉，是可持续发展的重要依据之一。

分析一个国家的自然资源情况，既要看到宏观上综合经济潜力巨大的因素，又要清醒地认识到在微观上人均可利用资源限度的现实问题。当前，中国经济社会的发展，越来越受到资源环境的制约。

三、人口均衡发展面临严峻挑战

在我国"十三五"时期，工业化、信息化、城镇化、市场化、国际化深入发展，经济社会发展向更高水平、更高层次跨越，人口呈现出明显的阶段性特征，人口问题始终是制约我国社会主义生态文明建设的重大问题，在人口问题上的任何失误和任何放松，都将对全面协调可持续发展产生难以逆转的深远影响。当前，我国人口的均衡发展面临如下主要问题。

（一）人口分布不均与区域生态均衡发展的矛盾

改善人口分布不均，要统筹人口分布与区域发展均衡布局，引导人口有序迁移和聚集，促进人口分布进一步合理化。

首先，要以规划为重点，按照构筑组团式紧凑型城市形态的要求，科学制定人口发展与城市功能规划，引导人口有序流动和适度聚集,积极促进人口向中部、西部迁移,实现人口在区域、城乡之间的合理分布。要加快交通运输的建设和改造,改善中、西部地区的公共基础设施和生产生活环境,缩小东、中、西部地区和城乡间基本公共服务水平的差距,从根本上实现区、城市发展格局与人口分布的协同转移。

其次,要强化政策导向,实现人口结构与公共政策均衡优化。制定有利于应对人口性别、年龄、户籍、文化教育等结构问题的人口法规、政策,围绕优生优育、社会保险、社会救济、社会福利等方面,建立和完善人口与经济社会协调发展的法规、政策,通过强化公共服务待遇引导人口分布优化发展。加强人口服务管理与户籍制度改革,与社会管理体制和社会公共服务体系结合起来,建立、健全有效的动态人口管理机制,将流动人口的管理服务纳入地方经济社会发展规划,将流动人口纳入地方社会保障体系,切实解决流动人口的就业、就医、定居、子女入学等方面的实际困难,促进人口地区之间的合理流动。

(二)人口素质偏低的现状与建立生态文明意识的矛盾

人口素质又称"人口质量",是一个国家或地区在一定生产方式下,人口群体所具有认识与改造世界的条件和能力,是人口在质的方面的规定性。人口素质越高,人口总体认识与改造世界的条件和能力越强,因此在建设社会主义生态文明中,提高人口素质是不可或缺的重要因素。思想素质和文化素质作为人口素质的两个组成部分,对生态环境的保护均有促进作用。一个国家,国民的思想素质决定了其环保意识是否先进,文化素质则可以通过制度设计和技术创新对生态环境保护有所助益,二者均衡、协调发展才能保护生态、改善环境。

在建设我国社会主义生态文明的过程中,人口素质始终是一个重要的决定因素,总体素质偏低、不能适应生态文明建设的要求是不可忽视的现状,在很大程度上影响着我国的生产方式、消费模式以及价值观的生态化转向。适应生态文明建设的人口素质,应呈现出三个基本特征:经济性、环保性和正义性。生态文明需要"居安思危"的忧患意识,摒弃传统工业文明模式下高消耗的经济增长模式;生态文明需要人们追求高品质生活的意识,提倡无污染、无公害的绿色生产、生活方式和消费方式;生态文明需要将环境保护的观念深植人心,人类作为生态文明的建设主体,只有高度认同才能堪当大任。

我国人口素质不均衡还表现为文化素质的相对领先和道德素质的相对滞后性。人类文明要向前发展,必须注重培养和发展人类运用科学技术改造自然的能力,这一能力更多地依赖于科学文化素质的提高。特别是在中国的工业化和城市化进程中,经济社会的高速发展得益于技术的进步和创新,因而在文化素质与道德素质的较量中,文化素质总是胜利者。生态文明建设相对于以往任何文明形态,对人口的文化素质提出了更高的要求,要求在人的文化素质结构中融入生态意识,即生态文明视野下的文化素质不再受极端人类中心主义和功利主义支配,而是受到生态整体价值的引导,并服务于生态整体系统的存续。作为一种新的文明形态,生态文明将人的思想素质与文化素质相融合,共同作用于生态文明的建设中,思想素质是灵魂,也是高级文明形态和低级文明形态的差异所在。

我国人口素质的不均衡发展已经对生态环境造成了巨大的负面影响,加大力度提升人口道德素质,当属生态文明建设的应有之义。加强环境保护的宣传教育,倡导人与自然和谐相处的科学理念和价值体系,提高公众生态文明观念、可持续发展意识和绿色消费意识,从我做起,从身边的小环境做起,从日常生活、房屋建筑、垃圾分类、卫生保健等方面做起,爱护环境,保护生态。针对公众参与环保程度低的现象,保护公众参与公共决策的积极性,提高公众参与生态文明的意识、监督意识,形成基于家庭与社区的综合稳定治理机制,保护环境,人人有责。

第二节　人类文明转换的历史机遇

从人类社会文明发展历程来看,度量文明有两个维度:一是历史形态维度;二是结构成分维度。在文明发展的历史形态维度上,先后产生了原始文明、农业文明、工业文明和生态文明四种形态。这种划分主要是根据不同时期的生产工具和核心产业加以区分。

原始文明大约生发于石器时代,那时人们必须依赖集体的力量才能生存,物质生产活动主要靠简单的采集渔猎,人们主要以采集、游牧为主。原始文明存在了大约上百万年。铁器的出现使人改变自然的能力产生了质的飞跃,于是产生了农业文明,为时一万年。农业是人类社会的第一种生产活动,其目的是利用土地和其他自然资源生产维持人类生活必需但又不能完全由自然提供的产品,它标志着人类迈出了支配自然的决定性步骤,同时也推动了人类自身在各方面的进化,产生了以农业为主的农耕文化。自16世纪开始,西欧各国市场经济的发展,促使整个社会从农业文明迈向工业文明,至19世纪中期西欧工业化完成之时,历经数百年的历史发展,终于实现了这一社会转型。其特征为近代大工业生产方式成为满足社会需要的主导方式,成为占据支配地位的社会体制。工业革命开启了人类现代化生活,为时300年。工业文明是以工业为核心产业的文明形态。

生态文明作为一种继工业文明之后的文明类型,是以生态产业为核心产业的文明形态。生态文明是人类社会在反思传统工业文明弊端的基础上提出并且努力建设的一种文明形态,不仅意味着要改造传统的产业结构、增长模式和消费模式,而且涉及制度、观念等要素的全面变革,因而是对传统工业文明的一种超越。当今人类社会正处于从传统工业文明向现代生态文明的过渡时期。

在文明结构成分维度上,根据人类社会活动的内容,可分为物质文明、精神文明、政治文明和生态文明。人类的实践包括物质生产实践、精神生产实践、社会关系实践和生态生产实践。人类的四种实践活动产生了四大基本领域,即经济、政治、文化与生态领域。与四种社会实践相对应产生了物质文明、精神文明、政治文明与生态文明四种社会文明形式。

一、生态物质文明

生态文明无论是作为一种社会文明形态,还是一种社会文明成分,是以高度发达的物质文明为基础。离开了物质文明,生态文明缺乏物质载体;同样,物质文明的发展和发达是建立在生态良好和生态优化的基础上的。生态物质文明包括良好的自然生态环境、发达的生态产业链、高效的循环经济和丰富的生态物质产品。生态物质文明是衡量生态文明程度的基本标准。建设生态物质文明,不同于传统意义上的污染控制和简单的生态恢复,而是克服工业文明弊端,使生态意识、生态观念物化到社会物质生产的全过程中来,使所有的经济活动符合人与自然和谐的要求,探索资源节约型、环境友好型物质文明发展道路,实现第一、第二、第三产业和其他经济活动的"绿色化"、无害化以及生态环境保护产业化。因此,建设生态文明,就是要选择有利于生态安全的经济发展方式,建设有利于生态安全的产业结构,建立有利于生态安全的制度体系,形成维护生态安全的良性运转机制,使经济社会发展符合生态原则。

二、生态道德文明

生态道德是关于人们对待生物和非生物环境所持有的态度、原则和行为规范。它属于人的精神层次的文明,驱动着人们的生态意识和行为的自觉性、自律性与责任感。生态和道德是紧密地联系在一起的,是不可割裂的。事实上,生态环境的优劣,反映着人们生态道德水准的高低;同时,人们生态道德水准的高低,也极大地影响着生态环境的优劣。在工业文明的伦理道德中,人是世界上唯一的主体和中心,自然和其他生物都只是人的对象。这一伦理道德带来的结果是:人类作为主体,对自然肆无忌惮地占有和掠夺,可以心安理得;自然作为对象,被人类无限地征服和改造,视为理所当然。这是导致工业文明陷入困境的根源,这就是恩格斯所说的人类遭到了自然界的报复。而生态文明的伦理道德强调人和自然都是主体,人对自然、对人类承担着道德义务。

人们在追求物质财富的过程中,不能掠夺自然,不能超过生态的承载能力,不能忽视人类和自然的生存和可持续发展。这就要求文明在正确的生态道德价值的约束下校正我们过去违反生态、违背自然的行为,养成良好的生态行为习惯和行为方式。正如罗曼·罗兰所说:"善良不是学问,而是行为。"生态道德文明是需要通过生态行为文明来实践、来体现的。因此,建设生态文明客观上要求人类必须按生态道德、生态原则来规范自己的行为,将政治行为、经济行为、生活行为规范和限制在不破坏自然生态系统良性循环的范围内,最大限度地减少对生态环境的不良影响,对已经受到破坏的生态进行积极的修复,自觉履行人类对自然、对生态的责任和义务,共同呵护人类家园。

三、生态制度文明

生态文明必须有一套完善的有利于保护生态环境、节约资源能源的政治制度和法规体系,用以规范社会成员的行为,确保整个社会走生产发展、生活富裕、生态良好的文明发展道路。生态道德文明是对人类生态行为的一种精神上的软约束,生态制度文明则是对人类生态行为的一种制度上的硬约束,是人类共同制定的对其行为进行规范的制度性措施,包括政治制度、经济体制和政策、社会管理制度和法律法规。其中,最重要的是建设完善的生态文明法制体系,出台强制性生态技术、生态标准法制,并在生产生活中得到严格执行。

四、生态消费文明

文明的生态消费方式是生态文明的重要内容,事关我们每一个人。人类社会所生产的物质产品和精神产品最终是供人类自身消费的。人们的消费取向、消费观念、消费方式、消费行为直接决定和影响物质和精神产品的生产方式。只有人们的消费方式实现了生态化的转型,才能实现生产方式的真正生态化。可以说,生态消费文明是建设生态文明的原动力,人类社会的一切物质财富和精神财富的生产以及制度和法律的设计都是以它为出发点和落脚点。

实现消费方式的生态化,就是要拒绝挥霍铺张、浮华摆阔的消费行为,形成有利于人类可持续发展的适度消费、绿色消费的生活方式。适度消费是指消费水平随着经济的增长和收入的增加而适度的提高,既不刻意抑制消费,也不盲目超前消费,形成合理的消费结构,由数量型消费向质量型消费转变,体现消费的品质,体现产品消费带来的精神满足程度。绿色消费是指避免消费"危及消费者和他人健康的产品;在生产、使用或废弃中明显伤害环境的产品;在生产或丢弃中明显不相称地消耗大量资源的产品;带有过分包装、多余特征的产品或由于产品寿命过短等原因引起不必要浪费的产品;从濒危动物或者环境资料中获得材料,用以制成的产品;对别国特别是发展中国家造成不利影响的产品"。做到消费者对环境负责,主动购买经过绿色认证的产品、对人不会造成危害的产品、无污染的产品、处于清洁生产环境和加工环境中的产品以及没有过度包装的产品,减少生活污染,将生活垃圾分类存放,使用节约资源和减少生活污染的新技术。

总之,建设生态文明是人类文明史上的一次革命性进步,是对农耕文明、工业文明的继承与超越,是人类文明质的提升和飞跃,是人类文明史上的新里程碑。生态文明不只是关乎生态环境领域的一项重大研究课题,而且还是涉及人与自然、人与人、人与社会、经济与环境的关系协调、协同进化、达到良性循环的理论理性和实践理性,是人类社会跨入一个新时代的标志。走生态文明之路,已是当今世界发展的大趋势。

第三节 文明转换中的中国跨越式推进优势

当前阶段,以建设生态文明为基点推进中华民族复兴也具有现实的可行性。这是因为,中国的工业文明正在追赶西方工业文明,同时启动了生态文明建设的步伐,文明位差在缩小。更重要的是,中国具有建设生态文明的一系列基础条件和综合优势,因此中国可以在现有工业文明基础上,通过跨越式发展抢占生态文明发展制高点和先机。

一、现代化总体水平为跨越式推进生态文明奠定物质基础

生态文明必须建立在发达的工业文明和经济基础上。2010年,中国人均 GDP 突破 4000 美元,按照世界银行标准,突破了中下等收入国家和中上等收入国家之间的分界线,全面进入中等收入国家行列,已经具备加快建设生态文明的物质基础。经济总量规模的扩大为生态文明建设提供了物质基础。从 2009 年 8 月发布的全国第一份省市区生态文明水平排名来看,排在前十位的除重庆和广西以外,都是经济发达的东部沿海省份,可见,生态文明水平与经济发展开始呈现正相关关系。

当前,总体上看,中国工业化率超过 40%,已经成为半工业化国家,已经开始进入工业化中后期阶段,沿海省份开始进入工业化后期后半阶段,现代工业体系基本建成,目前已经建成的工业包括 39 个大类,191 个中类,525 个小类,联合国产业分类中所

列全部工业门类我国都已经建成。更重要的是,中国开始进入信息化加速推进时期。根据 2010 年《信息化蓝皮书》的数据,中国的信息化水平已经超过世界平均水平,基本上达到世界中等发达国家的水平,工业化特别是工业化与信息化的整合为生态文明建设奠定工业文明基础。

根据中国现代化战略研究课题组 2007 年发布的《中国现代化报告 2007——生态现代化研究》,2004 年,中国生态现代化指数为 42 分,在 98 个国家中排名第 84 位。尽管中国的生态现代化水平不高,但是已经进入生态现代化起步时期,具有建设生态文明的巨大空间。从发达国家生态文明发展的历程来看,在经济发展的一定阶段,只要采取得力措施,就可以快速实现生态文明程度的提升。日本在 20 世纪 60 年代环境污染也很严重,出现过水俣病,曾在短期内造成 1400 多人死亡。这使得日本痛定思痛,终于形成了全民环保共识,然后经过仅 10 来年的努力,日本就扭转了环境恶化的颓势,使日本奇迹般地从一个污染大国变成了环保大国。如果我们在环保方面能向日本学习,首先做到日本今天做到的一半,就可以实现生态文明的发展。

当前,中国开始出现推进生态文明建设的综合性契机。生态恶化趋势开始被遏制,生态建设开始加速,生态破坏和生态文明出现平衡点,全民生态意识开始复兴和强化,开始形成推进生态文明建设的合力,这是推进生态文明建设的契机。

二、中国跨越式推进生态文明建设的制度优势和政策优势

与传统社会主义不同,社会主义是以人为本的社会主义,是强调人与自然协调发展的社会主义,这为生态文明建设的推进提供了制度基础。同时,中国生态文明建设是政府主导和推进的,具有明显的政策力度优势。自从党和政府提出建设生态文明以来,采取政府和国家行为主导生态文明建设的道路,已经密集出台了开展两型社会建设、可持续发展试验、发展循环经济、低碳经

济、生态经济、绿色能源等一系列生态文明建设战略性举措和具体推进政策,已经呈现出跨越式推进生态文明建设的态势。

正如美国劳伦斯伯克利国家实验室中国能源项目部主任马克·利文博士指出的,中国在节能降耗政策制定和实施方面已经走在世界前列,特别是风能、太阳能等可再生能源的增长速度连续数年位居全球前列。美国皮尤慈善信托基金会在一份研究报告中指出,中国在绿能产业的总投资额已经超过美国。2009 年,美国投资于绿色能源的总额为 186 亿美元,中国为 346 亿美元,而 5 年前,中国只有 25 亿美元。中国在太阳能电池制造,风力发电机产能也超过美国。

2010 年上半年,中国宣布更新 2000 个发电厂设备,每年投入 750 亿美元用于清洁能源技术,这个数字是美国能源预算部总预算的 3 倍。在制度创新方面,近期中国为应对气候问题和节能减排,推出了一系列重大制度创新,如 2010 年 8 月 31 日,全国首家绿色碳汇基金会成立,旨在致力于推动以应对气候变化为目的的植树造林、森林经营、减少毁林和其他相关的增汇减排活动,为企业和公众搭建了通过林业措施吸收二氧化碳、抵消温室气体排放、实践低碳生产和低碳生活、展示捐资方社会责任形象的专业性平台。

三、中国具有跨越式推进生态文明建设的经济优势和产业基础

（一）资源基础

在生物质能方面,根据计算,中国理论生物质能 50 亿吨,约折合 5 亿吨标准煤,包括 7 亿吨秸秆,其中可以用作能源的 3 亿吨,折合 1.5 亿吨标准煤,工业有机废水和畜禽养殖废水可以生产 800 亿立方米沼气,折合 5700 万吨标准煤,薪炭林和林业及木料加工废物资源相当于 3 亿吨标准煤,城市垃圾发电相当于 1300 万吨标准煤。

此外,一些油料、含糖或淀粉类作物用于制取液体燃料。但

是,目前生物质能作为能源的利用量不到1%。在新型能源方面,我国在青海省祁连山南缘永久冻土带成功钻获天然气水合物实物样品,首次发现可燃冰,储量达到350亿吨油当量,是继加拿大、美国之后第三个发现可燃冰的国家。可燃冰是水和天然气在高压低温条件下混合而成的一种固态物质,具有燃烧值高、清洁无污染的特点,是地球上尚未开发的最大新型能源,被誉为21世纪最有希望的战略资源。在风能方面,中国可开发风能储量为10亿千瓦。在地热开发方面,中国可开采利用低热资源每年67亿立方米,相当于3283万吨标准煤,中国年实际利用地热4.45亿立方米,位居世界第一,每年递增10%。在太阳能方面,太阳能理论储量每年17000亿吨标准煤。此外,中国控制着90%以上的稀土产量。

(二)产业优势

环保产业进入快速增长期。2008年,环境保护产业的产品数量达到3000多种,产值达到7900亿元,环保企业达到3.5万家,从业人数达到300万人。新型能源产业进入快速发展期。2008年,风电装备实现国产化,太阳能集热真空管生产和保有量世界第一,太阳能光伏发电方面,2008年太阳能电池产量超过2570兆瓦,占世界的37%,成为世界第一生产大国。

水电装机全球第一,风电装机世界第四。太阳能产业包括太阳能热利用和太阳能光伏两个产业。太阳能热利用产业,太阳能热水器使用量和年产量均占世界一半以上。太阳能光伏电池产量超过日本和德国,世界第一。光伏电池占全球的比重由2002年的1.07%上升到2008年的15%。太阳能热水器集中热能面积和年产能全球第一。

核电是世界上在建规模最大的国家。内蒙古发展新能源的做法:风力发电与风机设备制造挂钩联动,形成多晶硅、单晶硅、太阳能电池制造、组件封装、光伏系统集成等完整的太阳能产业链。

（三）科技优势

近年来,中国开始在一些新能源和低碳技术领域抢占制高点。在新能源汽车方面,2008年12月28日,北京以首汽为依托,成立中国第一个新能源汽车设计制造产业基地,集成力量,总投资50亿元,年产各类新能源和替代能源客车5000辆,已经建成混合动力、纯电力、氢燃料电池和高效节能发动机四大核心设计制造工程中心。

2009年3月,北汽福田又成立了中国第一个新能源汽车产业联盟,整合新能源产业链上的研发、设计、制造、零部件供应和终端用户等资源,加强产学研用的有效衔接,打造具有国际竞争力的新能源汽车产业链。整合了国内新能源领域的优势资源,包括国内外300多家联盟理事单位。在生物质能方面,广西经科技部批准,成立了国内首家非粮生物质能源工程研究中心。该中心主要研究木薯、甘蔗和北方甜高粱。打造非粮生物质能源技术研发基地,成立孵化基地,成立工程化基地,开展产学研结合,国际合作和开放服务,为全国提供技术支持。

在具体技术方面,中国也在一些领域获得优势。例如,2010年7月21日,中国核工业集团公司宣布由中国自主研发的中国第一座快中子反应堆——中国试验快堆(CEFR)达到首次临界。这标志着中国掌握了快堆技术,成为继美、英、法等国后第八个拥有快堆技术的国家。快堆技术代表第四代核能系统发展方向,发展和推广快堆,可以从根本上解决世界能源可持续发展和绿色发展问题。

再例如,2011年,中国民营清洁能源企业中国新奥集团与美国杜克能源签署在中国和美国建设绿色城市的技术开发协议。美方参与这一项目的目的之一,就是向中国企业学习"区域清洁能源整体解决方案"的技术与经验。可见,在绿色经济市场竞争中,中国企业开始从"产品输出"转变为"技术输出"。

（四）文化优势

中国传统文化中的生态和谐观与生态文明观高度契合，为实现生态文明提供了坚实的哲学基础和思想源泉。中华文化中儒、释、道三家都在追求人和自然的统一，有着极为深厚的生态智慧文化底蕴。

中国儒家主张"天人合一"，其本质是"主客合一"，肯定人与自然界的统一。儒家肯定天地万物的内在价值，主张以仁爱之心对待自然，体现了以人为本的价值取向和人文精神。

中国道家提出"道法自然"，强调人要以尊重自然规律为最高准则，以崇尚自然、效法天地作为人生行为的基本皈依。强调人必须顺应自然，达到"天地与我并生，而万物与我为一"的境界。这与现代环境友好意识相通，与现代生态伦理学相合。

中国佛家认为，万物是佛性的统一，众生平等，万物皆有生存的权利。《涅槃经》中说："一切众生皆有佛性，如来常住无有变异。"佛教正是从善待万物的立场出发，把"勿杀生"奉为"五戒"之首，生态伦理成为佛家慈悲向善的修炼内容。

在全世界，中华民族是唯一以国家形态同根同文同种存留几千年的民族，这是因为中华文明精神里蕴含着深刻的生态智慧。这与生态文明的内涵一致。中华文明精神是解决生态危机、超越工业文明、建设生态文明的文化基础。如今，越来越多西方学者提出世界生态伦理应该进行"东方转向"。中华文明的基本精神与生态文明的内在要求是基本一致的，中华文化中"天人合一""和为贵"等宝贵的思想资源为我们建设人与自然的和谐社会奠定了坚实的基础和思想源泉。

（五）国际合作优势

中国具有运用清洁发展机制的后发优势。由于发达国家能源利用效率高，能源结构优化，新的能源技术被采用，进一步减排的成本较高。而中国等主要发展中国家能源效率较低，减排空间大,成本相对较低。这就导致同一减排单位在不同国家之间形成不同成本,形成所谓"高价差"。2005 年,中国正式加入国际 CDM 市场,开始成为 CDM 市场的主要供应国之一。在一些尖端生态技术发明中,中国可以培育后发优势。例如,中国第三代核电项目关键设备已经达到较高的国产化程度。其之所以如此,是因为国内外处在同一起点上,特别是技术、人才日益全球化的条件下,通过技术创新和技术合作,中国可以加快弥补差距,在一些关键技术上可以领先。

结语 生态文明的未来展望：构筑美丽中国梦

党的十九大报告正式把"实现伟大梦想"作为社会主义新时代中国共产党的历史使命，这也就预示着"伟大梦想"已成为统领其他"三个伟大"的目标指向。因此，构筑美丽中国梦，对"实现伟大梦想"的价值必须做一个全面的理解。

一、全面理解"美丽中国梦"的价值

（一）"美丽中国梦"的历史价值

1. 实现民族复兴的伟大梦想是近代以来中国人民始终不变的追求

由于中华民族在世界上曾长期处于一种领先的水平，于是在很大程度上对世界文明产生了重大的影响，中华文明在世界各主要文明中，是唯一没有中断的持续性文明，在人类文明史上占有极其重要的地位，这些都是中国人民引以为骄傲和自豪的。

然而，经历了鸦片战争以后，中国有了转折性的变化，逐渐沦为半殖民地半封建社会，开始陷入内忧外患的黑暗境地。其间虽然有许多仁人志士，包括洋务派、维新派、民族资产阶级的先进代表为了中华民族的复兴抛头颅洒热血，奔走呼号，写下了无数可歌可泣的感人故事。但是，由于阶级的软弱性和思想理论的局限性，使得他们在帝国主义、封建主义和官僚资本主义三座大山的统治下注定会遭到失败。

中国半殖民地半封建的社会性质在历经太平天国、洋务运动、戊戌变法、辛亥革命等社会变革后依旧没有得到根本性的改变，这也就预示着中国人民反帝反封建的任务没有完成，民族独立和人民解放、国家富强与人民富裕始终是那个时代中国人无法实现的梦想。

然而，这并不能阻挡中华儿女为争取民族独立和人民解放而艰苦奋斗的历史，他们由此构成了中国近代史的主线。民族复兴、国家富强的热切期盼，只有在深刻理解了交织着屈辱与抗争的近代中国历史之后才能真正懂得并付诸了深深的实践之中。

2. 实现民族复兴的伟大梦想是新时代中国共产党的伟大历史使命

十九大报告进一步指出："经过长期努力，社会主义进入了新时代，这是我国发展新的历史方位。"之所以说这是一个新的历史方位，主要原因就在于近年来，无论是我国的经济发展还是社会结构都发生了区别于以往不同的历史性的转折。

党的十九大对于新时代社会主义思想进行了明确确立，并立足新的历史定位，为伟大梦想的实现明确了总纲领、总路线，顺应历史潮流，合乎历史规律，为更好地实现中华民族伟大复兴的历史使命奠定了较为坚实的基础。

（二）"美丽中国梦"的现实价值

1. 实现民族复兴的伟大梦想具有强烈的现实关照

伟大梦想除了是一种理想追求，更深刻地体现了千千万万普通中国人对现实社会生活改善的渴望和未来美好生活的向往。实现中国梦，就应该要让所有中国人"共同享有人生出彩的机会，共同享有梦想成真的机会，共同享有同祖国和时代一起成长与进步的机会"。因此，伟大梦想是人民的、大众的，而且从一定程度上来说,还具有实实在在的激励作用。

2. 伟大梦想有其坚实的现实基础,是理想和现实的统一

新中国成立以来,在几代中国共产党人与全国人民的不懈努力之下,我们进一步确立了社会主义制度、推进社会主义的相关建设,使得中华民族有史以来最为广泛而深刻的社会变革得以完成,我们党团结带领人民进行改革开放,经过长期努力,社会主义进入了新时代。虽然整体看上去,每一步都是比较现实的、可行的,虽然实现伟大梦想的过程中必然要经历一定的艰苦努力、攻坚克难,但是,即便如此,坚定的信念是不会动摇的。

3. 实现伟大梦想具有现实的、科学的途径

国家要想变得富强、民族要想变得振兴、人民想要更加幸福,就必须始终坚持和发展社会主义道路。社会主义道路是历史为中国人民选定的道路,是党和人民在长期实践探索中开辟出来的实现中华民族伟大复兴中国梦的正确道路。这条复兴之路之所以具有一定的科学性,从根本上来说就是因为社会主义既对科学社会主义的基本原则进行了坚持,同时又被赋予了较为鲜明的中国特色,从而使得科学社会主义基本原则与中国特色的有机统一得以最大程度实现。在现实的基础上,进一步运用科学的理论、方法,由此可知,伟大梦想的实现必然是科学的、现实的。

(三)"美丽中国梦"的理论价值

1. "实现伟大梦想"是社会主义理论体系的发展

党的十九大报告专门重点阐述了"四个伟大",由此,足见其理论的重要性。

(1)"伟大梦想"是"四个伟大"中居于统领地位的重要一环,不仅如此,还是其他"三个伟大"的方向和目标,进一步赋予了社会主义道路、理论体系、制度和文化新的内容,在很大程度上为坚持和发展社会主义确定了方向、指明了道路、建立了美好的愿景。

（2）"实现伟大梦想"在真正意义上回答了"实现什么样的目标、怎么实现目标"这一社会主义的根本理论与实践问题，对这一问题的展开就构成了进行伟大斗争、建设伟大工程、推进伟大事业的具体内容，也是统筹推进"五位一体"总体布局、协调推进"四个全面"战略布局的各种新思路、新战略、新举措。由此可见，"实现伟大梦想"是社会主义的理论体系的重要发展。

2. "实现伟大梦想"是中国共产党执政理念的进一步明确和完善

习近平总书记指出："实现中华民族伟大复兴的中国梦，就是要实现国家富强、民族振兴、人民幸福。""中国梦"所追求的三大目标，就是国家富强梦、民族振兴梦与人民幸福梦，它们之间相互贯通、相互支撑。习近平总书记强调，必须始终坚持以人民为中心的发展思想，在最大程度上不断促进人的全面发展、全体人民共同富裕；明确了党的执政宗旨；回答了为谁执政的问题。习近平总书记对伟大梦想实现途径作了深度概括，对于党的执政遵循和执政原则进一步予以了完善和拓展，这就使党的执政路径变得更加清晰。因此，"实现伟大梦想"是对我们党的执政理念所进行的一种高级升华，这对于党的执政目标、执政宗旨、执政路径进行了进一步的明确。

3. "实现伟大梦想"具有战略可行性与实践操作性

"伟大梦想"对于中华民族伟大复兴的宏伟蓝图进行了很好的勾勒。民族复兴的光明前景、幸福生活的美好向往、国家富强的美好憧憬，在很大程度上给当代中国社会和中国人民树立了一个既有憧憬、超越又看得见摸得着的目标。"实现伟大梦想"是能够激发中华民族万众一心、努力奋斗的共同远大理想。

（四）"美丽中国梦"的世界价值

1. 提升国际地位

近代以来，中华民族曾经一度陷入低谷，沦为半殖民地半封建社会，甚至国家落后、人民贫困，在世界舞台上遭受欺凌、任人宰割的屈辱。这种状况一直持续到新中国成立后，我们以赶上和超过世界先进水平为发展目标，确立了社会主义制度，初步建立起独立完整的工业体系和国民经济体系。随着国际地位的显著提升，在很大程度上体现了实现伟大梦想的过程中自身发展与对外发展的统一，中国以负责任的大国姿态屹立于世界舞台，是实现伟大梦想具有国际意义的重要内涵。

2. 推动合作共赢

实现国家发展与人民幸福是人类的共同价值观，各国之间的目标不是冲突或对立的，而是共存与互补的。中华民族伟大复兴的"伟大梦想"不是世界的威胁，而是有利于促进中国与世界各国的和谐，形成共同发展、共同进步的局面。中国之所以得到了和平崛起，依靠的是来自国内改革营造发展的制度活力，中国的开放追求的是互利共赢，中国积极融入国际社会之中，追求的是国内体制与国际体系和谐兼容，一直以来，中国致力于打造人类命运共同体，为各国开辟能够进行共同发展的有利空间。

3. 全球格局优化

如果中华民族伟大复兴的"伟大梦想"得以实现，那么世界政治经济格局必然会得到一定程度的改变。由于中国的成功实践能够进一步证明社会主义制度与市场经济体制结合的现实性与优越性，所以这对于更多国家在体制和道路的选择上将会产生一种深刻的国际影响。

中国以开放战略实现崛起梦想对世界广大发展中国家及其

新兴经济体都将带来深刻启示，从而对各国的开放模式形成一定的影响。中国作为最大新兴经济体改变世界增长格局，创新全球发展机制，中国参与全球治理将使世界体系更有利于均衡发展。尤其是十八大以来，我们努力实现政策沟通、设施联通、贸易畅通、资金融通、民心相通，这都是我们坚持打开国门搞建设，进行国际合作，打造一个全新的国际合作新平台，从而有效增添共同发展新动力的典范。

二、充分发挥"美丽中国梦"的示范作用

（一）为加快社会主义建设提供强大精神动力

"伟大梦想"是中华民族的共同理想，它的包容性非常强大，全体中国人，都能在"中国梦"中实现自己对更美好生活、更全面发展向往的梦想。国家富强、民族振兴与人民的幸福生活是相互贯通、和谐统一的，从而有利于把全国人民更好地凝结成"利益共同体"和"命运共同体"，形成实现共同理想、共同目标、共同事业所需的强大凝聚力。"伟大梦想"还能把强大的思路力量激发出来，这在很大程度上说明理性的认识和科学的理论能够不断转化为物质的力量。虽然马克思主义的观点认为物质是第一性的，精神是第二性的，历史发展归根结底由物质力量决定，但也不能不否认精神因素在历史发展中所起到的相关作用。

根据当前形势来看，我国的改革逐步进入深水区，各种利益与矛盾冲突不断加深，如果只用物质的力量推进改革，用利益方式去解决利益矛盾，成本必然越来越大，改革的阻力也会越来越大。可如果能把利益与理想、物质驱动与精神驱动有效结合起来，必然能够降低成本和难度，提高效率，取得事半功倍的效果。而"伟大梦想"反映的正是党、国家与人民的共同心愿，这就易于形成具有广泛共识的理想信念。

（二）为解决人类面临的共同问题贡献中国智慧

1. 解决人类面临的共同问题需要全球治理的新思路

从近几十年国际形势的演变趋势可以明确看到,冷战结束后,全球治理的核心一直是美国,但是美国并不是一个全球治理的合格者。特别是 2008 年国际金融危机爆发以来,全球性问题增多,治理需求加大,但美国主导的全球治理体系却令人失望。

从当前国际社会面对的问题看,难民危机恶化、债务危机持续、逆全球化回潮、孤立主义势头重现、地缘政治紧张、全球气候治理久拖不决、"非对称威胁"层出不穷,可以说,当前的全球治理已经无法跟上全球问题扩散的脚步。历史与现实暴露了西方大国主导下的全球治理把"私利物品"伪装成"公共物品"的本质,因此受到国际社会的质疑和反对是很自然的事情。

2. 解决人类面临的共同问题的"中国智慧"正是世界迫切需要的

一个国家治理的现代化水平,能够对该国参与全球治理的方式和能力有所决定。中国在改革开放 40 年的时间内解决了从全球化、现代化的边缘走到全球化中心,正是中国国内治理体系和治理能力水平提高的结果,是中国出现"中国奇迹"的结果。习近平总书记在主持中央政治局第二十七次学习时指出:"要推动全球治理理念创新发展,积极发掘中华文化中积极的处世之道和治理理念同当今时代的共鸣点,继续丰富打造人类命运共同体等主张,弘扬共商共建共享的全球治理理念。"中国对于走出全球化困境提出了明确的路径,提出了共商共建共享的"人类命运共同体"理念及"一带一路"倡议,这些正是当今全球治理迫切需要的。

（三）为世界各国发展提供可借鉴的中国方案

一直以来，发展都是每个国家最关心和渴望解决的问题。各国人民有自主选择发展道路的权利，但在资本主义主导的全球格局中，自由选择经济制度和政治体制实际上存在着巨大障碍。

（1）20世纪90年代以来，以美国为代表的西方发达国家把带有"普世价值"包装的新自由主义意识形态推销给发展中国家，反对发展中国家走自己的道路和按照自己国情采取不同于西方的方式实现人类共同的价值追求。如果发展中国家的发展不符合西方国家的"要求"，他们就会通过发动"颜色革命"对这些国家的政治、经济制度进行一定的改变。

（2）即使一些发展中国家具有独立发展的勇气，却也缺乏成功的模式学习借鉴。社会主义是马克思主义基本原理同中国具体实际和时代特征相结合的产物。社会主义所回答和解决的不仅仅是关于中国社会主义建设的问题，也是经济文化相对落后国家如何发展的一般性问题。中国道路具有的深刻内涵，主要表现在：原来作为经济发展水平、科技文化水平都比较落后的地区，通过独立自主、和平发展的道路，成为世界上数一数二的大国、强国，这无疑为发展中国家树立了典范。中国作为社会主义国家，在全世界资本主义居于主导地位的环境中，坚持和发展社会主义，在短短三十几年完成了发达国家几百年走过的路，正在向民族复兴、国家富强、人民幸福的伟大梦想迈进，这也是每个发展中国家渴望和追求的梦想。因此，随着社会主义事业的不断发展、不断完善、不断取得成功，社会主义对于人类社会发展的重大而深远意义，必将不断地展现出来。

参考文献

[1] 龙其林 . 生态中国：文学呈现与跨文化研究 [M]. 北京：北京大学出版社,2019.

[2] 王桂兰 . 当代中国文化生态初论 [M]. 北京：人民出版社,2019.

[3] 钱易,何建坤,卢风 . 生态文明理论与实践 [M]. 北京：清华大学出版社,2018.

[4] 周琳 . 当代中国生态文明建设的理论与路径选择 [M]. 北京：中国纺织出版社,2017.

[5] 王舒 . 生态文明建设概论 [M]. 北京：清华大学出版社,2019.

[6] 韩春香 . "美丽中国"视阈下生态文明建设的理论与路径新探 [M]. 北京：中国水利水电出版社,2018.

[7] 卢风 . 生态文明新论 [M]. 北京：中国科学技术出版社,2013.

[8] 陈金清 . 生态文明理论与实践研究 [M]. 北京：人民出版社,2016.

[9] 赵凌云等 . 中国特色生态文明建设道路 [M]. 北京：中国财政经济出版社,2014

[10] 常杰,葛滢 . 生态文明中的生态原理 [M]. 杭州：浙江大学出版社,2017.

[11] 江泽慧 . 生态文明时代的主流文化——中国生态文化体系研究总论 [M]. 北京：人民出版社,2013.

[12] 余谋昌. 生态文化论 [M]. 石家庄：河北教育出版社，2001.

[13] 陈璐. 试析生态文化的内涵与创建 [J]. 广西社会科学，2011（4）：148.

[14] 赵光辉. 生态文化：人类生存样态的文化自觉 [J]. 鄱阳湖学刊，2017（4）：67-68.

[15] 徐瑾. 生态文化刍议 [J]. 中原文化研究，2018（1）：84.

[16]（法）莫里斯·梅洛-庞蒂著，姜志晖译. 知觉现象学 [M]. 北京：商务印书馆，2005.

[17] 王宝亮. 生态危机的全球治理问题研究 [D]. 中共中央党校，2017.

[18] 曾雪瑾. 习近平全球治理观研究 [D]. 安徽工程大学，2019.

[19] 孔令雪. 生态文明视域下我国生态治理路径的优化研究 [D]. 广西师范学院，2018.

[20] 贺培育等. 中国生态安全报告：预警与风险化解 [M]. 北京：红旗出版社，2008.

[21] 黄娟. 生态文明与中国特色社会主义现代化 [M]. 武汉：中国地质大学出版社，2014.

[22] 孟伟，舒俭民，张林波. 生态文明建设的总体战略与"十三五"重点任务研究 [M]. 北京：科学出版社，2017.

[23] 于晓雷. 实现中国梦的生态环境保障：中国特色社会主义生态文明建设 [M]. 北京：红旗出版社，2014.

[24] 李军等. 走向生态文明新时代的科学指南：学习习近平同志生态文明建设重要论述 [M]. 北京：中国人民大学出版社，2014.

[25] 李龙强. 生态文明建设的理论与实践创新研究 [M]. 北京：中国社会科学出版社，2015.

[26] 贾卫列，杨永岗，朱明双等. 生态文明建设概论 [M]. 北京：中央编译出版社，2013.

[27] 孙英春.跨文化传播学导论 [M].北京：北京大学出版社，2008.

[28] 孙英春.跨文化传播学 [M].北京：北京大学出版社，2015.

[29][英] 李约瑟著，何兆武等译.中国科学技术史记（第2卷）[M].北京：科学出版社，1990.

[30]Vincent Price. Social Identification and Public Opinion[J].*Public Opinion Quarterly*，1989（53）.